Lecture Notes in Mathematics

A collection of informal reports and seminars
Edited by A. Dold, Heidelberg and B. Eckmann, Zürich

T0222249

71

Séminaire Pierre Lelong (Analyse) Année 1967–68

Institut Henri Poincaré, Paris

1968

Springer-Verlag Berlin · Heidelberg · New York

Library of Congress Catalog Card Number 68-57177 Printed in Germany. No. 3677

A V A N T - P R O P O S

Les exposés qui suivent portent sur la théorie des fonctions analytiques ou, éventuellement, sur les instruments mathématiques qui paraissent actuellement utiles à la généralisation de ces théories, en particulier dans le cas où le domaine de définition est pris dans un espace vectoriel topologique. Le sujet de cette huitième année du séminaire d'analyse s'apparente donc de très près au sujet traité dans les années précédentes et le lecteur aura intérêt quelquefois à s'y reporter, notamment pour la lecture des exposés 10 et 15.

Le séminaire a eu lieu comme les années précédentes à l'Institut Henri Poincaré à Paris ; seul fait exception le dernier exposé qui a été donné au mois de mai à Nice devant le groupe des jeunes mathématiciens qui animent actuellement cette nouvelle Faculté.

Les années 1 - 7 du séminaire ont été éditées avec une grande compétence et un soin remarquable par P. BELGODERE et Mademoiselle LARDEUX au Secrétariat de l'Institut Poincaré, où on peut les obtenir. Je les remercie de l'oeuvre qu'ils ont faite. Toutefois la multiplication des demandes concernant de tels textes m'a conduit à demander à la librairie SPRINGER d'assurer la reproduction et la diffusion du volume du séminaire. Je la remercie de nous faire bénéficier de sa collaboration en nous offrant l'hospitalité des lectures-notes.

Pierre L E L O N G

Septembre 1 9 6 8

TABLE DES MATIÈRES

L'exposé N° 9 de Madame BUTTIN ("Existence de solutions de systèmes différentiels linéaires") n'a pas été rédigé, et ne sera pas multigraphié.

Séminaire P.LELONG
(Analyse)
8e année, 1967/68

15 et 22 Novembre 1967

OPÉRATEURS DIFFÉRENTIELS SUR UN ESPACE ANALYTIQUE COMPLEXE

par Thomas B L O O M

1. - Introduction : Le sujet de cet exposé est l'étude des opérateurs différentiels sur les espaces analytiques. Dans la première partie je donne la définition d'un opérateur différentiel sur un espace analytique complexe, puis quelques exemples de tels opérateurs, et je précise quelques problèmes. Le but de la deuxième partie est de résoudre partiellement ces problèmes et de donner des applications.

Première Partie

2. - Définition des opérateurs différentiels.

Nous suivons un exposé de CARTAN qui, lui-même est tiré d'idées de GROTHENDIECK [6, 7].

Soit $X = (\bar{X}, \Theta(X))$ un espace analytique complexe. Tout point $x \in \bar{X}$ possèdede un voisinage ouvert $U \subset \bar{X}$, homéomorphe à un ensemble analytique $V \subset \mathbb{C}^m$ tel que le faisceau restreint $\Theta(X)/_U$ soit isomorphe à un quotient du faisceau des fonctions holomorphes dans V . C'est-à-dire, nous permettons des nilpotents dans les fibres de $\Theta(X)$.

Cette catégorie admet des produits [6].

Considérons le morphisme diagonal $\Delta : X \to X \times X$. Sur les espaces topologiques sous-jacents ce n'est autre que l'application diagonale. En considérant $\bar{X}$ comme partie de $\bar{X} \times \bar{X}$ nous avons trois faisceaux sur $\bar{X}$.

1. $\Theta(X)$ le faisceaux structural de X
2. $\Delta^{-1}(\Theta(X \times X))$ restriction à la diagonale du faisceau structural $\Theta(X \times X)$; sa fibre en un point $x \in \bar{X}$ vaut $\Theta_{(x,\ x)}(X \times X)$.
3. $\mathcal{I}$ idéal cohérent des "fonctions holomorphes" dans $X \times X$, nulles sur la diagonale.

De plus, la suite de $\Theta(X \times X)$ - modules

$$0 \longrightarrow \mathcal{I} \longrightarrow \Delta^{-1}\,\Theta(X \times X) \longrightarrow \Theta(X) \longrightarrow 0$$

est exacte et permet d'intensifier $\Theta(X)$ à $\Delta^{-1}\Theta(X \times X)/_{\mathcal{I}}$.

Posons $\Theta^{(n)}(X) = \Theta(X \times X)/_{\mathcal{I}^{n+1}}$

La suite $0 \to \mathcal{I}^n/_{\mathcal{I}^{n+1}} \to \Theta^{(n)}(X) \to \Theta^{(n-1)}(X) \to 0$ est exacte.

L'espace analytique $X^{(n)} = (\bar{X}, \mathcal{O}^{(n)}(X))$ s'appelle le $n^{(e)}$ voisinage infinitésimal de X et son faisceau structural , le faisceau des n - jets sur X.

Les deux projections canoniques $X \times X \overset{p_1}{\underset{p_2}{\rightrightarrows}} X$ fournissent, par composition, deux injections

$$i_{(n)} : \mathcal{O}(X) \longrightarrow \mathcal{O}^{(n)}(X)$$
$$j_{(n)} : \mathcal{O}(X) \longrightarrow \mathcal{O}^{(n)}(X)$$

Ainsi $\mathcal{O}^{(n)}(X)$ est muni de deux structures de $\mathcal{O}(X)$ - modules. La première déduite de $i_{(n)}$ dite à gauche et la seconde déduite de $j_{(n)}$ dite à droite.

En considérant $\mathcal{O}^{(n)}(X)$ comme $\mathcal{O}(X)$ - module à gauche nous avons :

DÉFINITION 2. 1. : Le faisceau des opérateurs différentiels d'ordre $\leqslant n$ sur X est

$$\mathrm{Diff}_n(X) = \mathrm{Hom}_{\mathcal{O}(X)}(\mathcal{O}^{(n)}(X), \mathcal{O}(X))$$

$\mathrm{Diff}_o(X)$, les opérateurs différentiels d'ordre zéro sont les opérateurs de multiplication par une "fonction holomorphe" et n'offrent pas grand intérêt.

Pour tout $n \in \mathbb{N}$ nous avons une suite exacte :

$$0 \longrightarrow \mathcal{J}/\mathcal{J}^{n+1} \longrightarrow \mathcal{O}^{(n)}(X) \longrightarrow \mathcal{O}(X) \longrightarrow 0$$

qui est scindée à droite par $i_{(n)}$, donc qui fournit une suite exacte de $\mathcal{O}(X)$ - modules à gauche :

$$0 \longrightarrow \mathcal{O}(X) \xrightarrow{i_{(n)}} \mathcal{O}^{(n)}(X) \xrightarrow{u_{(n)}} \mathcal{J}/\mathcal{J}^{n+1} \longrightarrow 0$$

Nous obtenons la suite exacte :

$$0 \longrightarrow \mathrm{Hom}_{\mathcal{O}(X)}(\mathcal{J}/\mathcal{J}^{n+1}, \mathcal{O}(X)) \longrightarrow \mathrm{Diff}_n(X) \longrightarrow \mathrm{Diff}_o(X) \longrightarrow 0$$

qui permet de définir les opérateurs différentiels non multiplicatifs :

$$\mathrm{Diff}_n^*(X) = \mathrm{Hom}_{\mathcal{O}(X)}(\mathcal{J}/\mathcal{J}^{n+1}, \mathcal{O}(X))$$

Dorénavant, nous ne distinguerons pas entre un espace analytique et l'espace topologique sous-jacent.

3. - Le cas lisse.

Soit U un ouvert de $\mathbb{C}^m$ muni du faisceau $\mathcal{O}(U)$ des fonctions holomorphes. Dans le produit $U \times U$, soit $\{x_i\}$ les fonctions coordonnées du premier facteur et $\{y_i\}$ les fonctions coordonnées du second facteur.

En identifiant U avec la diagonale de $U \times U$, nous identifions le germe d'une section du fibré holomorphe des jets d'ordre n : $x \to (f_\alpha(X))$, $|\alpha| \leqslant n$ au voisinage de a avec le germe $(x, y) \to \sum_{|\alpha| \leqslant n} f_\alpha(X) \frac{(y-x)^\alpha}{\alpha!}$ de fonction holomorphe sur $U \times U$ au voisinage de (a, a) modulo les monômes $(y - x)^\beta$; $|\beta| = n + 1$ ... [12]

$i_{(n)}(f)$ est donc égal à :

$$(x, y) \longrightarrow f(x) \mod (y - x)^\beta ; \quad |\beta| = n + 1$$

$j_{(n)}(f)$ est égal à :

$$(x, y) \longrightarrow f(y) = \sum_{|\alpha| \leqslant n} \frac{\partial f}{\partial x^\alpha} \frac{(y - x)^\alpha}{\alpha!} \mod (y - x)^\beta ; |\beta| = n + 1$$

$\mathrm{Diff}_n(U)$ désigne, comme d'habitude l'ensemble des opérateurs différentiels holomorphes à coefficients holomorphes d'ordre $\leqslant n$. C'est à dire : $D \in \Gamma(U, \mathrm{Diff}_n(U))$ peut s'exprimer sous la forme :

$$D = \sum_{|\alpha| \leqslant n} b_\alpha(x) \frac{\partial}{\partial x^\alpha} \text{ où les } b_\alpha(x) \text{ sont holomorphes.}$$

$$(D(j_{(n)}(f)) = \sum_{|\alpha| \leqslant n} b_\alpha(x) \frac{\partial f}{\partial x^\alpha})$$

4. - Extension et restriction des opérateurs différentiels.

Pour $D \in \mathrm{Diff}_n(X)_x$ et $f \in \Theta(X)_x$, nous écrivons $D(f)$ au lieu de $D(_{(n)}(f))$. C'est à dire que les opérateurs différentiels agissent sur les fonctions de la manière habituelle.

Maintenant, supposons que X soit un sous-espace analytique complexe de l'espace analytique complexe Y et désignons par $\phi : X \to Y$ l'injection canonique on a $\Theta(X) = \phi^{-1}(\frac{\Theta(Y)}{\mathcal{J}})$ où $\mathcal{J}$ est un faisceau d'idéaux cohérents dans $\Theta(Y)$.

Nous définissons deux sous-modules de $\mathrm{Diff}_n(Y)$:

(1.) $\mathrm{Diff}_n(X, Y)$. En un point $y \in Y$, la fibre est $\mathrm{Diff}_n(X, Y)_y = \{D \in \mathrm{Diff}_n(Y)_y \mid D(\mathcal{J}_y) \subset \mathcal{J}_y\}$. C'est-à-dire que $\mathrm{Diff}_n(X, Y)$

se compose des opérateurs différentiels qui appliquent les "fonctions" s'annulant sur X dans les "fonctions" s'annulant sur X.

(2.) $\overline{\mathrm{Diff}_n(X,\, Y)}$. En un point y Y, la fibre est

$$\overline{\mathrm{Diff}_n(X,\, Y)}_y = \left\{ D \in \mathrm{Diff}_n(Y)_y \,|\, D(O(Y)_y) \in \mathcal{J}_y \right\}$$

C'est-à-dire que $\overline{\mathrm{Diff}_n(X,\, Y)}$ se compose des opérateurs différentiels qui appliquent toutes les "fonctions" sur Y dans des "fonctions" s'annulant sur X.

4.1. - Nous allons prouver que :

(a) Pour tout $n \in N$ nous avons une suite exacte

$$0 \longrightarrow \phi^{-1}\,(\overline{\mathrm{Diff}_n(X,\, Y)}) \longrightarrow \phi^{-1}(\mathrm{Diff}_n(X,\, Y)) \xrightarrow{r} \mathrm{Diff}_n(X)$$

(b) Si Y est une variété , la dernière application est surjective.

<u>Démonstration</u> :

(a) En $x \in X$, soit $D \in \mathrm{Diff}_n(X,\, Y)_x$. Nous allons définir $r(D) \in \mathrm{Diff}_n(X)_x$. (Notons que l'on a, à cause de la cohérence des faisceaux,

$\mathrm{Diff}_n(X)_x = \mathrm{Hom}_{\Theta(X)_x}\,(\Theta^{(n)}(X)_x,\, \Theta(X)_x)$ $r(D)$ est défini à condition que le diagramme suivant est commutatif :

$$\begin{array}{ccccc}
\phi^{-1}(\Theta(Y))_x & \xrightarrow{\;j(n)\;} & \phi^{-1}(\Theta^{(n)}(Y))_x & \xrightarrow{\;D\;} & \phi^{-1}(\Theta(Y))_x \\
\downarrow & & \downarrow & & \downarrow \\
\Theta(X)_x & \xrightarrow{\;j(n)\;} & (\Theta^{(n)}(X))_x & \xrightarrow{\;r(D)\;} & \Theta(X)_x
\end{array}$$

A cause de la commutativité du diagramme on a :

$$\begin{array}{ccc}
\phi^{-1}(\Theta(Y))_x & \xrightarrow{\;i(n)\;} & \phi^{-1}(\Theta^{(n)}(Y))_x \\
\downarrow & & \downarrow \\
\Theta(X)_x & \xrightarrow{\;i(n)\;} & \Theta^{n}(X)_x
\end{array}$$

et du fait que $j_n(\Theta(X)_x)$ engendre $\Theta^{(n)}(X)_x$ comme $\Theta(X)_x$ - module à gauche, il résulte que $r(D)$ est un homomorphisme de $\Theta(X)_x$ - modules. Il est clair que la suite (a) est exacte [7] .

<u>DÉFINITION</u> 4. 2. : Pour $D \in \mathrm{Diff}_n(X, Y)$ nous dirons que $r(D)$ est la <u>restriction</u> de D à X.

(b) Si Y est une variété , $\mathrm{Diff}_n(Y)$ est un $\Theta(Y)$ - module localement libre. Donc on a un isomorphisme :

$\mathrm{Hom}_{\Theta(X)} (\phi^*(\Theta^{(n)}(Y), \Theta(X)) \simeq \phi^*(\mathrm{Diff}_n(Y))$ où, pour un $\Theta(Y)$ - module $\mathcal{F}$, $\phi^*(\mathcal{F}) = \phi^{-1}(\mathcal{F}) \underset{\phi^{-1}(\Theta(Y))}{\otimes} \Theta(X)$.

Comme on a un épimorphisme $\phi^{-1}(\Theta^{(n)}(Y)) \to \Theta^{(n)}(X)$, il en résulte encore un épimorphisme $\phi^*(\Theta^{(n)}(Y)) \to \Theta^{(n)}(X)$ et donc un monomorphisme :

$\mathrm{Diff}_n(X) \xrightarrow{e} \phi^*(\mathrm{Diff}_n(Y))$. L'image de $\mathrm{Diff}_n(X)$ est évidemment formée des opérateurs différentiels qui envoient les "fonctions" sur X dans les "fonctions" sur X, donc des opérateurs différentiels qui respectent l'idéal $\mathcal{J}$. C'est-à-dire que l'image de e est contenue dans $\phi^*(\mathrm{Diff}_n(X, Y))$. En effet $e(\mathrm{Diff}_n(X)) = \phi^*(\mathrm{Diff}_n(X, Y))$, et alors un inverse à droite ou à gauche de e est : $r \otimes 1$: $\phi^*(D_n(X, Y)) \to \mathrm{Diff}_n(X)$.

<u>DÉFINITION</u> 4. 3. : Etant donné $D \in \mathrm{Diff}_n(X)$, un élément $P \in \mathrm{Diff}_n(X, Y)$ est appelé une <u>extension</u> de D si $e(D) = P \otimes 1$ (ou la condition équivalente $r(P) = D$).

Explicitons le procédé d'extension ci-dessus défini . Soient (z) des coordonnées dans Y. Soit $D \in \mathrm{Diff}_n(X)_x$, nous construisons $P \in \mathrm{Diff}_n(X, Y)_x$ tel que $r(P) = D$. Considérons $D(z^\alpha \circ \phi) = a^\alpha$ pour chaque $|\alpha| \leqslant n$, on a ainsi des éléments de $\Theta(X)_\alpha$. Pour chaque $|\alpha| \leqslant n$ prenons $b^\alpha \in \Theta(Y)_x$ tel que $a^\alpha = b^\alpha \circ \phi$. Soit $P \in \mathrm{Diff}_n(Y)_x$ tel que $P(z^\alpha) = b^\alpha$. Alors $P \in \mathrm{Diff}_n(X, Y)_x$ et $r(P) = D$.

<u>THÉORÈME</u> 4. 1. : Soit X un espace analytique complexe réduit ; notons par $R(X)$ l'ensemble des points réguliers de X. Soit $D \in \mathrm{Hom}_{\mathbb{C}}(\Theta(X), \Theta(X))$ possédant la propriété suivante : il existe un opérateur différentiel $P \in \Gamma(R(X), \mathrm{Diff}_n(X))$ tel que $D/_{R(X)} = P \circ j_{(n)}$. Alors P se prolonge en une section $\tilde{P} \in \Gamma(X, \mathrm{Diff}_n(X))$ et $D = \tilde{P} \circ j_{(n)}$. (C'est-à-dire que D provient d'un opérateur différentiel).

Démonstration. Soit $x \in X - R(X)$. Il suffit de trouver $Q \in \mathrm{Diff}_n(X)_n$ tel que pour tout $f \in \Theta(X)_x$ $Q(f)_x = D(f)_x$. C'est un problème local et nous supposons que X est plongé dans une variété Y. Considérons, pour tout $|\alpha| \leq n$, $D(z^{\alpha}/X)$ où $\{z\}$ sont des coordonnées dans Y. Ce sont des fonctions holomorphes sur X et nous pouvons trouver $Q' \in \Gamma(U, \mathrm{Diff}_n(U))$ où U est un voisinage assez petit de x dans Y, tel que $Q'(z^{\alpha})_{/X} = D(z^{\alpha}_{/X})$ $(\alpha) \leq n$.

Soit $\mathcal{J}$ le faisceau d'idéaux des fonctions holomorphes s'annulant sur X. Alors, puisque Q' est une extension de $D_{/U \cap R(X)}$, Q respecte $\mathcal{J}_z$ pour tout $z \in U \cap R(X)$. Puisque X est réduit on voit, par continuité que Q' respecte $\mathcal{J}_z$ pour tout $z \in U$. C'est-à-dire $Q' \in \mathrm{Diff}_n(X, Y)$. Soit Q le germe de $r(Q')$ à x. Il est clair que pour $f \in \Theta(X)_x$, $D(f)_x = Q(f)_x$.

5. - Les espaces linéaires et le problème de représentation.

Soit X un espace analytique complexe. Nous avons un isomorphisme entre $\Gamma(X, \Theta(X)^n)$ et les morphismes de X dans $\mathbb{C}^n$ ... [6]

Soit maintenant $\mathcal{M}$ un **Module** cohérent sur X. Par définition tout $x \in \overline{X}$ possède un voisinage ouvert U au-dessus duquel on a une suite exacte :

$$\Theta(U)^p \longrightarrow \Theta(U)^q \longrightarrow \mathcal{M}/_U \longrightarrow o \quad \text{où} \quad \Theta(U) = \Theta(X)/_U$$

donc une suite exacte :

$$o \longrightarrow \mathrm{Hom}_{\Theta(U)}(\mathcal{M}/_U, \Theta_{(U)}) \longrightarrow \mathrm{Hom}_{\Theta(U)}(\Theta(U), \Theta(U))^q$$
$$\longrightarrow \mathrm{Hom}_{\Theta(U)}(\Theta(U), \Theta(U))^p$$

Il est clair que $\mathrm{Hom}_{\Theta(U)}(\Theta(U), \Theta(U))^p = \Gamma(U, \Theta(U))^p$ et en interprétant $\Gamma(U, \Theta(U))^p$ comme les sections du fibré trivial de $\mathbb{C}^p$ au-dessus de U, on dispose d'un morphisme de fibrés :

$$\begin{array}{ccc} U \times \mathbb{C}^q & \xrightarrow{\alpha} & U \times \mathbb{C}^p \\ & {\scriptstyle \pi} \searrow \quad \swarrow {\scriptstyle \pi} & \\ & U & \end{array}$$

L'image réciproque par α (avec sa structure non-réduite) de la section nulle de π fournit un espace analytique $M_{/U}$ au-dessus de U. Les $M/_U$ se recollent pour donner un espace analytique M au-dessus de U qui est, à un isomorphisme près, indépendant des résolutions locales de $\mathcal{M}$.... [5, 6] .

Le faisceau des sections de M s'identifie au dual de $\mathcal{M}$.

Les faisceaux de $\Theta(X)$ - modules à gauche , $\Theta^{(n)}(X)$ sont cohérents. Notons par $D_n(X)$ l'espace analytique linéaire associé à $\Theta^{(n)}(X)$. Les opérateurs différentiels sur X d'ordre $\leqslant n$ s'identifient à des sections de $D_n(X)$ au-dessus de X.

Maintenant, nous posons le problème suivant : étant donné un vecteur $v \in D_n(X)_x$, existe-t-il un entier m et une section de $D_m(X)$ au-dessus d'un voisinage de x, dont la valeur en x soit v ? S'il en est ainsi, nous dirons que v est <u>représentable</u> et que l'opérateur différentiel associé <u>représente</u> v. Si, pour tout $n \in \mathbb{N}$, tout vecteur de $D_n(X)_x$ est représentable, nous dirons que X est <u>représentable</u> en x (Signalons que c'est un problème local).

Nous allons expliciter ce problème en coordonnées locales. Supposons que X soit plongé dans Y, ouvert de $\mathbb{C}^k$. X est défini par un faisceau cohérent d'idéaux, $\mathcal{J}$, dans Y ; supposons que les fonctions holomorphes $f_1, \ldots, f_s$ engendrent $\mathcal{J}$ dans Y. L'espace linéaire $D_n(\mathbb{C}^k)$ au dessus de $\mathbb{C}^k$ est un produit car $\Theta^n(\mathbb{C}^k)$ est libre. $D_n(X)$ est un sous-espace de $D_n(\mathbb{C}_k)$; nous allons l'expliciter . Utilisons les coordonnées (z, a) dans $D_n(\mathbb{C}^k)$;

$$D_n(X) = \left\{ (z, a) \in D_n(\mathbb{C}^k) \mid f_j(z) = o; \sum_{|\alpha| \leqslant n} a_\alpha \frac{\partial (z^\beta f_j)}{z^\alpha} = o \text{ pour } j=1,\ldots,s \atop |\beta| \leqslant n-1 \right.$$

$D_n(X)_o$, la fibre de $D_n(X)$ au-dessus de o , est :

$$\left\{ a \in D_n(\mathbb{C}^k)_o \mid \sum_{|\alpha| \leqslant n} a_\alpha \frac{\partial (z^\beta f_j)}{\partial z^\alpha}(o) = o \right\}.$$ Notons par I la fibre de $\mathcal{J}$ au-dessus de o ;

$$D_n(X)_o = \left\{ a \in D_n(\mathbb{C}^k)_o \mid \sum_{|\alpha| \leqslant n} a_\alpha \frac{\partial (h)}{\partial z^\alpha}(o) = o \text{ pour tout } h \in I \right\}$$

Nous pouvons donc identifier $D(X)_o = \varprojlim_n D_n(X)_o$ et :

$$\mathcal{C}(I) = \left\{ \text{opérateurs différentiels D, à coefficients constants} \mid D(h)(o) = o \text{ pour tout } h \in I \right\}.$$

6. - <u>Exemples</u>.

6. 1. Soit X, défini par le faisceau d'idéaux engendré par $xy - z^2$ dans $\mathbb{C}^3$. X, est réduit et s'identifie au quotient de $\mathbb{C}^2$ modulo $\mathbb{Z}_2$ où l'élément non trivial, γ, de $\mathbb{Z}_2$, agit sur $\mathbb{C}^2$ comme suit : $\gamma(t_1, t_2) = (-t_1, -t_2)$.

L'application canonique $\mathbb{C}^2 \xrightarrow{\pi} X_1$ envoie

$$(t_1, t_2) \longrightarrow (t_1^2, t_2^2, t_1 t_2).$$

Nous démontrons que les éléments de $D_1(X_1)_{(o,o,o)} - D_o(X_1)_{(o,o,o)}$, c'est-à-dire les vecteurs tangents, sont représentables.

Un germe de fonction holomorphe sur $\mathbb{C}^2$ provient d'un germe de fonction holomorphe sur X, si et seulement si ce germe est invariant par $\mathbb{Z}_2$. D'après le théorème I, 4. 4 , un opérateur différentiel D , sur $\mathbb{C}^2$ qui respecte l'anneau des germes invariants par $\mathbb{Z}_2$ induit un opérateur différentiel Q sur X, par la formule : $Q(f) \circ \pi = D(f \circ \pi)$.

Considérons $D_1 = \frac{1}{2}\frac{\partial^2}{\partial t_1^2}$; $D_2 = \frac{1}{2}\frac{\partial^2}{\partial t_2^2}$; $D_3 = \frac{\partial^2}{\partial t_1 \partial t_2}$

Pour i = 1, 2, 3, D_i induit Q_i qui a des extensions à $\mathbb{C}^3$. Pour chaque i, nous pouvons expliciter une telle extension P_i sachant que nous pouvons prendre P_i d'ordre $\leqslant 2$ et que P_i satisfait à :

$P_i(g)_{/X_1} = Q_i(g_{/X_1}) = D_i(g \circ \pi)$ pour toute g holomorphe dans $\mathbb{C}^3$.
Après calcul on voit qu'on peut prendre :

$$P_1 = \frac{\partial}{\partial x} + 2x\frac{\partial^2}{\partial x^2} + \frac{y}{2}\frac{\partial^2}{\partial z^2} + 2z\frac{\partial^2}{\partial x\,\partial z}$$

$$P_2 = \frac{\partial}{\partial y} + 2y\frac{\partial^2}{\partial y^2} + \frac{x}{2}\frac{\partial^2}{\partial z^2} + 2z\frac{\partial^2}{\partial y\,\partial z}$$

$$P_3 = \frac{\partial}{\partial z} + 4z\frac{\partial^2}{\partial x\,\partial y} + 2y\frac{\partial^2}{\partial y\,\partial z} + 2x\frac{\partial^2}{\partial x\,\partial z} + \frac{\partial^2}{\partial z^2}$$

Il est intéressant de comparer cet exemple et un théorème de ROSSI [13] qui dit : (X,o) étant le germe d'un espace analytique complexe, les deux assertions suivantes sont équivalentes :

(1) (X, o) se factorise en : $(X, o) = (\mathbb{C}, o) \times (X', o)$

(2) Il existe un élément $v \in D_1(X_1)_o - D_o(X)_o$, c'est-à-dire un vecteur tangent, qui est représentable par un opérateur différentiel d'ordre un.

X_1 n'a pas de telle factorisation à l'origine et, ainsi, les vecteurs tangents ne sont pas représentables par les opérateurs différentiels d'ordre un.

6. 2. X_2 défini par le faisceau $\mathcal{J}^2$, engendré par xy et y^2 dans $\Theta(\mathbb{C}^2)$. Nous allons montrer que $\frac{\partial}{\partial y} \in D_1(X_2)_o$ n'est pas représentable.

Supposons qu'il le soit (Nous voulons aboutir à une contradiction). Supposons que Q le représente et que P soit une extension de Q à un voisinage de o dans $\mathbb{C}^2$. $y \in \mathcal{J}^2_q$ pour tout $q \neq$ l'origine. Donc, puisque P respecte $\mathcal{J}^2$, $P(y) \in \mathcal{J}^2_q$ pour tout $q \neq o$ et $P(y)$ est zéro sur tous les points de $\{(x, y) \in \mathbb{C}^2 \mid y = o\}$ sauf à l'origine . $P(y)(o)$ doit être zéro aussi, par continuité. Mais $P(y)(o) = \frac{\partial}{\partial y}(y)(o) = 1$.

6. 3. X_3 défini par le faisceau d'idéaux engendré par xy dans $\mathbb{C}^2$. Le même raisonnement que le précédent montre que $\frac{\partial}{\partial y} \in D_1(X_3)_{(o,o)}$ n'est pas représentable (Signalons que X_3 est réduit mais que X_2 n'est par réduit).

6. 4. X_4 défini par le faisceau d'idéaux $\mathcal{J}^4$ engendré par $x^2 - yz^2$ dans $\Theta(C^3)$. X_4 est réduit et même irréductible à l'origine, mais il n'est pas irréductible en tout point dans un voisinage de l'origine. Nous allons montrer - encore par l'absurde - que $\frac{\partial}{\partial x} \in D_1(X_4)_{(o,o,o)}$ n'est pas représentable.

Supposons qu'il le soit et que P soit une extension à un voisinage de l'origine dans $\mathbb{C}^3$ d'un opérateur différentiel qui le représente . $P = \frac{\partial}{\partial x} + P^*$ où les coefficients de P^* s'annulent à l'origine. Soit L le plan $\{(x, y, z) \in \mathbb{C}^3 \mid x = o ; z = o\}$. Soit W un ouvert dans L, simplement connexe, adhérent à l'origine, et qui est contenu dans le domaine de définition de P. Prenons une détermination de $\sqrt{y}$ dans W.

Maintenant, $x - \sqrt{y}z \in \mathcal{J}^4_q$ et s'annule sauf pour les points $q \in L$. P respecte $\mathcal{J}^4$ et donc, par continuité, $P(x - \sqrt{y}z) = 1 + P^*(x) + P^*(\sqrt{y}z)$ s'annule sur W. Nous avons $P^*(\sqrt{y}z)_{/W} = \sqrt{y}\,\psi(y)$ où ψ est méromorphe.
$1 + P^*(x)_{/W} = \phi(y) \not\equiv o$ et donc $\sqrt{y} = -\frac{\phi(y)}{\psi(y)}$ est méromorphe dans W. Ce dernier fait est la contradiction cherchée.

Deuxieme Partie

1. - La topologie simple sur un anneau local Noetherien.

Nous allons étudier une topologie sur un anneau qui nous donne une autre interprétation du problème de représentation.

Soit A un anneau local noetherien, m l'idéal maximal de A et supposons que $A/m = K$ où K est le corps $\mathbb{R}$ ou $\mathbb{C}$.

Soit E un module de type fini sur A ; considérons les espaces vectoriels de dimension finie (sur K) $E_k = E/_{m^k E}$. Nous obtenons un système projectif ; posons $\hat{E} = \varprojlim E_k$. Nous appelons <u>topologie simple</u> sur $\hat{E}$ la topologie que l'on obtient comme suit : On considère les E_k comme munis de la topologie euclidienne et la topologie simple sur $\hat{E}$ est la topologie projective. (On obtient la topologie m-adique sur $\hat{E}$ en mettant la topologie discrète sur les E_k).

La topologie simple est séparée et métrisable. $\hat{E}$ est un $\hat{A}$-module topologique [2, Ch. III, § 6]. Puisque $\bigcap_k m^k E = \{o\}$, l'application canonique de E dans $\hat{E}$ est injective et nous considérons E comme sous-ensemble de $\hat{E}$. E est dense dans $\hat{E}$.

<u>THÉORÈME</u> 1. 1. : Si $o \longrightarrow F \longrightarrow E \longrightarrow G \longrightarrow o$ est une suite exacte de A-modules de type fini, la suite $o \longrightarrow \hat{F} \longrightarrow \hat{E} \longrightarrow \hat{G} \longrightarrow o$ est aussi exacte.

<u>Démonstration</u> : Le théorème d'Artin-Rees 16, ch. VIII montre que la topologie dont F est muni comme sous-ensemble de E coincide avec sa propre topologie. Aussi,il est clair que la topologie de G est la topologie quotient. En effet la topologie simple est métrisable ; on sait que la suite

$$o \longrightarrow \hat{F} \longrightarrow \hat{E} \longrightarrow \hat{G} \longrightarrow o$$

est exacte [2, Ch. IX,§ 3] . C'est-à-dire $(\widehat{E/F}) = \hat{E}/\hat{F}$.... [15, 16].

<u>COROLLAIRE</u> 1.1. : $\hat{F} \cap E = F$.

<u>Démonstration</u> : Nous avons le diagramme commutatif :

$$\begin{array}{ccccccccc} o & \longrightarrow & F & \longrightarrow & E & \longrightarrow & G & \longrightarrow & o \\ & & \downarrow & & \downarrow & & \downarrow & & \\ o & \longrightarrow & \hat{F} & \longrightarrow & \hat{E} & \longrightarrow & \hat{G} & \longrightarrow & o \end{array}$$

Les lignes sont exactes.

COROLLAIRE 1. 2. : F est fermé dans E

Démonstration : La topologie induite sur F comme sous-ensemble de E coincide avec sa propre topologie. Donc, l'adhérence de F dans E est $\hat{F} \cap E$. Mais $\hat{F} \cap E = F$.

COROLLAIRE 1. 4. : Soit $\{F_\lambda\}_{\lambda \in \Lambda}$ une famille finie de sous-modules de E. Alors $(\bigcap_{\lambda \in \Lambda} F_\lambda)^\wedge = \bigcap_{\lambda \in \Lambda} \hat{F}_\lambda$.

Démonstration : Considérons la suite

$$0 \longrightarrow \bigcap_{\lambda \in \Lambda} F \longrightarrow E \longrightarrow \mathop{X}_{\lambda \in \Lambda} (E/F_\lambda)$$

La suite des completés est exacte.

2. - Dualité dans les anneaux analytiques.

Notons par ${}_nK = K\{x_1, \ldots, x_n\}$ l'anneau des séries convergentes en $x_1, \ldots, x_n$ à coefficients dans K . ${}_nK$ est un anneau local noetherien qui est une K algèbre . ${}_n\hat{K}$ s'identifie à l'anneau des séries formelles. Une famille de semi-normes $\{\rho_\alpha\}_{\alpha \in N^n}$ qui définit la topologie simple sur ${}_nK$ est donnée par :

$$\rho_\alpha(f, g) = |f_\alpha - g_\alpha| \text{ où } f = \sum f_\beta X^\beta \text{ et } g = \sum g_\beta X^\beta$$

${}_n\hat{K}$ est un Fréchet et nous considérons son dual topologique $({}_n\hat{K})^*$ muni de la topologie faible [4] . Si $\delta \in ({}_n\hat{K})^*$, δ s'annule sauf pour un nombre fini de monômes. Sinon il existerait une série formelle où δ ne serait pas défini. En effet, les éléments $\delta_\alpha \in ({}_n\hat{K})^*$ définis ci-dessous forment une base d'espace vectoriel pour $({}_n\hat{K})^*$. Pour $\alpha \in N^n$

$$\delta_\alpha(X^\beta) = 1 \qquad \beta = \alpha$$
$$= 0 \qquad \beta \neq \alpha$$

Les deux espaces localement convexes ${}_n\hat{K}$ et $({}_n\hat{K})^*$ sont en dualité. C'est-à-dire la topologie simple sur ${}_n\hat{K}$ est la topologie faible sur ${}_n\hat{K}$ comme dual de $({}_n\hat{K})^*$. Chaque sous-espace vectoriel de $({}_n\hat{K})^*$ est fermé car le dual algébrique et le dual topologique de $({}_n\hat{K})^*$ coïncident.

<u>DÉFINITION</u> 2. 1. : Un "anneau analytique" est un quotient de ${}_nK$ par un idéal . Un "module analytique" est un module de type fini sur un anneau analytique .... [9].

Soit E un module analytique. $\hat{E}$ et $(\hat{E})^*$ sont en dualité car on obtient $\hat{E}$ à partir de ${}_n\hat{K}$ par les opérations de produit fini et quotient modulo un sous-espace fermé.

Soient E et F deux modules analytiques sur le même anneau analytique avec $F \subset E$.

<u>DÉFINITION</u> 2. 2. : <u>$\mathrm{Ann}_E(F)$</u> est l'annihilateur de $\hat{F}$ **comme sous-espace** de $\hat{E}$. C'est-à-dire

$$\mathrm{ann}_E(F) = \left\{ \delta \in (\hat{E})^* \mid \delta \text{ s'annule sur } F \right\}$$
$$= \left\{ \delta \in (\hat{E})^* \mid \delta \text{ s'annule sur } \hat{F} \right\}$$

<u>THÉORÈME</u> 2. 2. : Etant donné $e \in E$, alors $e \in F$ si et seulement si : $\delta(e) = o$ pour tout $\delta \in \mathrm{ann}_E(F)$

<u>Démonstration</u> : Dans le sens direct, c'est la définition de $\mathrm{ann}_E(F)$. Nous devons montrer maintenant que $\delta(e) = o$ pour tout $\delta \in \mathrm{ann}_E(F) \longrightarrow e \in F$. Mais par la dualité entre $\hat{E}$ et $(\hat{E})^*$, nous avons $e \in \hat{F}$. D'après le corollaire II, 1. 2 , $\hat{F} \cap E = F$ et la démonstration est terminée.

Soit maintenant I un idéal de ${}_nK$ et $\mathcal{C}(I) = \{$les opérateurs différentiels D à coefficients constants dans $K \mid D(f)\ (o) = o$ pour tout $f \in I\}$. Il y a un isomorphisme canonique entre $\mathrm{ann}_{{}_nK}(I)$ et $\mathcal{C}(I)$. En effet, pour $\delta \in \mathrm{ann}_{{}_nK}(I)$; $\delta = \sum_\alpha c_\alpha \delta_\alpha$ (où $c_\alpha \in K$), nous lui faisons correspondre $D = \sum_\alpha c_\alpha \frac{1}{\alpha!} \frac{\partial}{\partial x^\alpha}$. Il est clair que , $D(g)(o) = \delta(g)$ pour tout $g \in {}_nK$. Nous avons les isomorphismes

$$\mathrm{ann}_{{}_nK}(I) \simeq \mathcal{C}(I) \simeq ({}_n\hat{K}/_I)^* .$$

3. - <u>Les courbes sont représentables</u>.

<u>THÉORÈME</u> 3. 3. : Soit X une courbe analytique complexe et x un point de X. Alors X est représentable en x (On a un théorème analogue dans le cas réel).

<u>Démonstration</u> : Le théorème est vrai et trivial si x est un point régulier de X. Supposons donc que x soit un point singulier de X. La démonstration se décompose en trois lemmes. Les deux premiers réduisent le problème à un problème sur une variété. Le troisième lemme résoud ce dernier problème.

Puisque le problème est local nous supposons que X est un sous-ensemble analytique complexe de $\mathbb{C}^n$, et que x est l'origine et le seul point singulier de X. La normalisation, U, de X est un ouvert de $\mathbb{C}$ et l'application canonique $\pi : U \to X$ peut se mettre sous la forme $t \to f_1(t), \ldots, f_n(t)$. $\pi : U - \{o\} \to X - \{o\}$ est un biholomorphisme.

<u>LEMME</u> 3. 1. : Appelons π_1 l'application (induite par π) de $\Theta(X)_o$ dans $\Theta(U)_o$. $\pi_1(\Theta(X)_o)$ est formé par les séries convergentes qui proviennent de séries convergentes en $f_1(t), \ldots, f_n(t)$. Nous voulons montrer que $\pi_1(\Theta(X)_o)$ est d'une forme très simple : plus précisément, il existe un entier M , tel que $t^m \in \pi_1(\Theta(X)_o)$ pour tout $m \geqslant M$.

<u>Démonstration</u> $\Theta(U)_o$ est un $\pi_1(\Theta(X)_o)$-module de type fini... [10]. $\Theta(U)_o$ est ainsi muni de deux topologies, une comme anneau analytique, l'autre comme module sur $\pi_1(\Theta(X)_o)$. Les deux topologies sont identiques [16].

D'après le corollaire II 1.2. , il suffit de montrer qu'il existe un entier M tel que $t^m \in \pi_1(\widehat{\Theta(X)}_o)$ pour tout $m \geqslant M$. $\pi_1(\widehat{\Theta(X)}_o)$ est formé des séries en t qui proviennent des séries formelles en $f_1(t), \ldots f_n(t)$. Puisque toutes les puissances des monômes dans la représentation comme série des fonctions $f_1, \ldots f_n$ n'ont pas de facteur plus grand qu'un en commun, des considérations combinatoires montrent que l'entier M cherché existe.

C'est-à-dire qu'il existe des polynômes $p_1, \ldots, p_{s-1}$ de degré M tels que $f \in \pi_1(\Theta(X)_o) \iff$ la portion de f comprenant les termes de degré $< M$ est une combinaison linéaire de $p_1, \ldots, p_{s-1}$

Posons $p_{s+j} = t^{M+j}$ pour $j = o, 1, 2, 3, \ldots$

<u>LEMME</u> 3. 2. : X est représentable en x si on peut trouver une famille d'opérateurs différentiels $\{D_i\}_{i \in N}$ sur U telle que :

(a) $D_i(p_j) \equiv 1$ si $i = j$

(b) $D_i(p_j)$ s'annule à l'ordre $\geqslant M$ à o pour $i \neq j$.

Démonstration : D_i respecte $\pi_1(\Theta(X)_o)$. Donc, en définissant (pour chaque $i \in N$) un opérateur D_i^π sur X par la formule :

$D_i^\pi(f) \circ \pi = D_i(f \circ \pi)$, les considérations de section I, 4 montrent que D_i^π est un opérateur différentiel sur X.

Soit I l'idéal dans $\Theta(\mathbb{C}^n)_o$ défini par X à o. $I = \{h \in \Theta(\mathbb{C}^n)_o | h$ s'annule sur X à o $\}$. $h \in I \Longleftrightarrow h \circ \pi$ s'annule identiquement sur U

$\Longleftrightarrow h \circ \pi \equiv o \Longleftrightarrow D_i(h \circ \pi)(o) = o$ pour tout $i \in N$

$\Longleftrightarrow D_i^\pi(h)(o) = o$ pour tout $i \in N$. Donc les applications de $\Theta(\mathbb{C}^n)_o$ dans $\mathbb{C}$, $h \to D_i^\pi(h)(o)$ engendrent $\mathrm{ann}(I) \simeq \mathcal{C}(I) \simeq D(X)_o$. C'est-à-dire que X est représentable en o.

<u>LEMME</u> **3.3** . : Les opérateurs différentiels cherchés existent.

Démonstration : Soit q_i = degré de p_i . Nous supposons que $i < j \longrightarrow q_i < q_j$. Soit ξ^i l'opérateur différentiel $\frac{1}{i} \frac{d^i}{dt^i}$ sur U.

Nous définissons les opérateurs différentiels cherchés par récurrence. Pour $i \in N$,

Soit $D_i^o = \xi^{q_i}$

et $D_i^r = D_i^{r-1} - D_i^{r-1}(p_{i+r}) \xi^{q_i + r}$

Soit $D_i = D_i^M$.

Il est facile de vérifier que :

$D_i(p_i) \equiv o$

$D_i(p_j) \equiv o$ pour $1 \leqslant j \leqslant i + M \quad j \neq i$

$D_i(p_j)$ s'annule à l'ordre $\geqslant M$ à o pour $j > i + M$.

La démonstration est maintenant terminée.

Nous signalons que $v \in D(X)_x$, X est une courbe analytique complexe , est représentable même par un opérateur différentiel induit d'un opérateur différentiel sur la normalisation de X comme ci-dessus.

4. - Les espaces analytiques réduits sont semi-représentables.

Pour les applications nous devons décomposer un ensemble analytique en des courbes, car les courbes sont représentables, alors qu'en général, les ensembles analytiques ne le sont pas.

DÉFINITION 4.3. : Soit A un anneau et $\underline{I} = \{I_\lambda\}_{\lambda\in\Lambda}$ une famille d'idéaux de A. Nous dirons que $\underline{I}$ est une décomposition de A si $\bigcap_{\lambda\in\Lambda} I_\lambda = \{o\}$ Si A est un anneau analytique nous dirons que $\underline{I}$ est une décomposition complète de A si $\underline{I}$ est une décomposition et si de plus $\bigcap_{\lambda\in\Lambda} \hat{I}_\lambda = \{o\}$. (les $\hat{I}_\lambda$ sont des idéaux dans $\hat{A}$).

Une décomposition par une famille finie d'idéaux est une décomposition complète [11, 14]. On ignore si une décomposition quelconque est une décomposition complète.

THÉORÈME 4. 3. : Soient A et B deux anneaux intègres, tels que B soit un A-module de type fini. Soit $\underline{I} = \{I_\lambda\}_{\lambda\in\Lambda}$ une famille d'idéaux dans A et $\underline{J} = \{J_\lambda\}_{\lambda\in\Lambda}$ une famille d'idéaux dans B telles que pour chaque $\lambda \in \Lambda$, $J_\lambda \cap A = I_\lambda$. Alors

(a) Si $\underline{I}$ est une décomposition de A, $\underline{J}$ est une décomposition de B.

(b) Si A et B sont des anneaux analytiques intègres et si $\underline{I}$ est une décomposition complète de A, $\underline{J}$ est une décomposition complète de B.

Démonstration :

(a) C'est une conséquence immédiate du fait suivant ([11]) : soient A et B deux anneaux intègres tel que B soit un A-module de type fini. Soit J un idéal de B. Alors $J \cap A = \{o\} \Longrightarrow J = \{o\}$.

Maintenant $\bigcap_{\lambda\in\Lambda} J_\lambda$ est un idéal de B tel que $(\bigcap_{\lambda\in\Lambda} J_\lambda) \cap A = \bigcap_{\lambda\in\Lambda} I_\lambda = \{o\}$. Donc $\underline{J}$ est une décomposition de B.

(b) C'est une conséquence immédiate du théorème suivant ([11]) : le complété d'un anneau analytique intègre est intègre.

Nous avons $\hat{J}_\lambda \cap \hat{A} = \hat{I}_\lambda$ (II, 1. 4). De plus, $\hat{B}$ et $\hat{A}$ sont intègres et $\hat{B}$ est un $\hat{A}$ module de type fini. Donc $(\bigcap_{\lambda\in\Lambda} \hat{J}_\lambda) \cap \hat{A} = \{o\} \Longrightarrow \underline{J}$ est une décomposition complète de B.

DÉFINITION 4. 3. : Soit (X, o) le germe d'un ensemble analytique à l'origine dans K^n et $\mathfrak{X} = \left\{(X_\lambda, o)\right\}_{\lambda\in\Lambda}$ une famille de sous-ensembles analytiques de (X, o). Soit I l'idéal des fonctions analytiques qui s'annulent sur (X, o) et I_λ l'idéal de celles qui s'annulent sur (X_λ, o). Nous dirons que $\mathfrak{X}$ est une décomposition (resp. décomposition complète) de (X, o) si la famille d'idéaux $\left\{\frac{I_\lambda}{I}\right\}_{\lambda\in\Lambda}$ est une décomposition (resp. décomposition complète) de ${}_nK/_I$. C'est-à-dire que $\mathfrak{X}$ est une décomposition de (X, o) si $\bigcap_{\lambda\in\Lambda} I_\lambda = I$ et c'est une décomposition complète si, de plus, $\bigcap_{\lambda\in\Lambda} \hat{I}_\lambda = \hat{I}$.

THÉORÈME 4. 4. : Soit (X, o) le germe d'un ensemble analytique complexe dim.(X, o) $\geqslant 1$. Alors (X, o) possède une décomposition complète par des courbes.

Démonstration : La démonstration se fait par récurrence sur n = dim (X, o). Si n = 1 la décomposition de (X, o) en ses composantes irréductibles est une décomposition complète. Supposons que le théorème soit vrai pour dim (X, o) = n - 1 . Il suffit de trouver une décomposition complète de (X, o) dans le cas où (X, o) est irréductible , dim(X, o) = n, et même par des sous-ensembles de dimension $< n$.

Considérons une projection , π , de (X, o) sur $(\mathbb{C}^n, o)$ de la manière habituelle [8]. $\Theta(X)_o$ est un $\Theta(\mathbb{C}^n)_o$ - module de type fini. Désignons par $\underline{H} = \left\{H_\lambda\right\}_{\lambda\in\Lambda}$ la famille des germes des hyperplans passant par l'origine dans $\Theta(\mathbb{C}^n)_o$, $I_\lambda = \left\{f \in \Theta(\mathbb{C}^n)_o \mid f \text{ s'annule sur } H_\lambda\right\}$ et $\underline{I} = \left\{I_\lambda\right\}_{\lambda\in\Lambda}$. Posons $X_\lambda = \pi^{-1}(H_\lambda)$ et $J_\lambda = \left\{g \in \Theta(X)_o \mid g \text{ s'annule sur } X_\lambda\right\}$. Evidemment $J_\lambda \cap \Theta(\mathbb{C}^n)_o = I_\lambda$. D'après le théorème II, 4. 2. , pour démontrer que $\underline{J}$ est une décomposition complète de (X, o), il suffit de démontrer que $\underline{I}$ est une décomposition complète de $\Theta(\mathbb{C}^n)_o$.

Si $I_{\lambda_1}, \ldots, I_{\lambda_k}$ sont k idéaux distincts dans $\underline{I}$ nous avons puisque $\Theta(\mathbb{C}^n)_o$ est factoriel, [8], $I_{\lambda_1} \cap \ldots \cap I_{\lambda_k} = I_{\lambda_1} I_{\lambda_2} \ldots I_{\lambda_k} \subset m^k$. Alors $\bigcap_{\lambda\in\Lambda} \hat{I}_\lambda \subset \hat{I}_{\lambda_1} \cap \quad \cap \hat{I}_{\lambda_k} = (I_{\lambda_1} \cap \ldots \cap I_{\lambda_k})^{\wedge} \subset \hat{m}^k$ pour tout entier $k \in N$. Donc $\bigcap_{\lambda\in\Lambda} \hat{I}_\lambda = \{0\}$ [1].

DÉFINITION 4. 5. : Soit X un espace analytique, $x \in X$. Nous dirons qu'un $v \in D(X)_x$ (resp. $\delta \in \hat{\Theta}(X)_x^*$) est semi-représentable si :

(a) il existe un nombre fini de courbes $X_1, \dots X_k$ dans X et passant par x tel que : $v = \sum_{i=1}^{k} v_i$ ($\delta = \sum_{i=1}^{k} \delta_i$) où $v_i \in D(X)_x$ ($\delta \in \Theta(\hat{X}_i)_x^*$)

(b) chaque v_i est représentable (sur X_i) par un opérateur différentiel D_i.

(c) L'opérateur différentiel qui représente v_i est induit par un opérateur sur la normalisation de X_i.

Dans une telle situation nous dirons que $\sum D_i$ est semi-représentable de $v(\delta)$. Remarquons que si $h \in \Theta(X)_x$, et si $\delta \in \widehat{\Theta(X)}_x^*$ est semi-représentable par $\sum D_i$, alors $\delta(h) = \sum_{i=1}^{h} D_i(h)(x)$.

Nous dirons que X est semi-représentable en x si tout $v \in D(X)_x$ ($\delta \in \Theta(\hat{X})_x^*$) est semi-représentable.

THÉORÈME 4. 5. : Soit X un espace analytique réduit . X est semi-représentable en tout point $x \in X$.

Démonstration : Prenons $\mathfrak{X} = \{(X_\lambda, x)\}_{\lambda \in \Lambda}$ une décomposition complète de (X, x) par des courbes. Alors $\hat{I} = \bigcap_{\lambda \in \Lambda} \hat{I}_\lambda$ et $\operatorname{ann}(\hat{I}) = \bigoplus_{\lambda \in \Lambda} \operatorname{ann}(\hat{I}_\lambda)$ par la dualité dans les anneaux analytiques (II, 2). Mais chaque sous-espace vectoriel de $({}_nK)^*$ est fermé donc $\operatorname{ann}(I) = \bigoplus_{\lambda \in \Lambda} \operatorname{ann}(I_\lambda)$ où $\Theta(\hat{X})_x^* = \bigoplus_{\lambda \in \Lambda} (\Theta(\hat{X}_\lambda)_x)^*$. Les (X_λ, x) étant les germes des courbes, n'importe quel élément de $\Theta(X_\lambda)_x^*$ est représentable, même par un opérateur induit par la normalisation (II, 3). Alors chaque $\delta \in (\Theta(\hat{X})_x)^*$ est semi-représentable. Il découle de l'isomorphisme entre $D(X)_x$ et $\widehat{\Theta(X)}_x^*$ l'énoncé analogue pour $v \in D(X)_x$.

5. - Applications.

Comme application nous redémontrons deux théorèmes connus :

Rappelons d'abord quelques propriétés de la normalisation d'un espace analytique complexe [10] .

Soit X un espace analytique complexe (réduit). La normalisation de X est un couple (Y, π) où Y est un espace analytique normal et π une application holomorphe $\pi : Y \to X$. π est propre et finie. En effet si X se décompose en $x \in X$ en k composantes irréductibles, $\pi^{-1}(x)$ se compose de k points $\{y_1, \dots, y_k\} = \pi^{-1}(x)$.

Posons $\Theta(Y)_y = \bigoplus_{i=1}^{k} \Theta(Y)_{y_i}$ et π_1 l'application (induite par π) de $\Theta(X)_x$ dans $\Theta(Y)_y$. $\Theta(Y)_y$ est un $\Theta(X)_x$ module de type fini. Si $g \in \Theta(Y)_y$, g provient d'une fonction holomorphe sur X si $g \in \pi_1(\Theta(X)_x)$. D'après II 2, 3, $g \in \pi_1(\Theta(X)_x)$ si $\delta(g) = o$ pour tout $\delta \in \mathrm{ann}_{\Theta(Y)_y} (\pi_1(\Theta(X)_x))$.

Mais $\widehat{\Theta(Y)}_y^* = \bigoplus_{i=1}^{k} (\widehat{\Theta(Y)}_{y_i})^*$ et on peut écrire $\delta \in \widehat{\Theta(Y)}_y^*$ comme $\sum_i \delta_i$ où $\delta_i \in \widehat{\Theta(Y)}_{y_i}^*$. Chaque δ_i a un semi-représentant et nous obtenons donc ce que nous allons appeler un semi-représentant de δ: C'est-à-dire que nous avons un nombre fini de courbes $C_1, \ldots, C_p$ contenues dans Y, chacune d'elles passant par un des points $y_1, \ldots, y_k$, des opérateurs différentiels $D_1, \ldots, D_p$ sur $C_1, \ldots, C_p$ respectivement tels que, pour tout $g \in \Theta(Y)_y$, $\delta(g)$ soit égal à la somme des $D_i(g)$ évaluée au point de Y par lequel C_i passe. Nous écrivons simplement $\delta(g) = \sum D_i(g)(y)$. Chaque D_i est induit d'un opérateur différentiel sur la normalisation de la courbe correspondante.

De plus, rappelons qu'une fonction holomorphe sur la partie régulière de Y est continue sur Y est holomorphe sur Y.

<u>THÉORÈME</u> 5.6. : Soit $\{f_n\}$ une suite de fonctions holomorphes sur un espace analytique réduit X, qui converge uniformément vers une fonction f sur X. Alors f est holomorphe sur X.

<u>Démonstration</u> : Soit (Y, π) la normalisation de X. La suite $\{f_n \circ \pi\}$ converge uniformément vers une fonction g sur Y. Puisque Y est normal, g est holomorphe. Il reste à démontrer que g provient d'une fonction holomorphe sur X ; c'est un problème local.

Considérons un point $x \in X$ et pour $\delta \in \mathrm{ann}_{\Theta(Y)_y} (\pi_1(\Theta(X)_x))$ prenons un semi-représentant $\sum D_i$ pour δ . Pour tout n , $\delta(f_n \circ \pi) = o$ donc $\sum D_i(f_n \circ \pi)(y) = o$. En passant aux normalisation des courbes sur lesquelles les D_i sont définis on peut prendre la limite en n et on voit que $\sum D_i(g)(y) = o$.

<u>THÉORÈME</u> 5.7. [11] : Soit X un ensemble analytique complexe contenu dans un ouvert U de $\mathbb{C}^n$. Soit f une fonction de classe C^∞ sur U tel que $f_{/R(X)}$ soit holomorphe (R(X) désigne la partie régulière de X) . Alors $f_{/X}$ est holomorphe.

Démonstration : Nous commençons par démontrer un lemme.

LEMME 5.4. : Soit X_1 une courbe et X_2 une autre courbe contenue dans U. Supposons qu'il existe une application holomorphe $\pi : X_1 \rightarrow X_2$ qui soit un homéomorphisme. De plus, supposons qu'il existe un point $x_1 \in X_1$ et un point $x_2 \in X_2$ tels que $\pi : X_1 - \{x_1\} \rightarrow X_2 - \{x_2\}$ soit un biholomorphisme. Soit D un opérateur différentiel d'ordre $\leqslant$ k sur X_1. Alors il existe un opérateur $Q = \sum_{|\alpha| \leqslant k} a^{\alpha}(z) \frac{\partial}{\partial z^{\alpha}}$ tel que

(a) les a^{α} sont définis et continus dans un voisinage V de X_2

(b) Si h est dérivable d'ordre $\geqslant$ k dans V et si $h \circ \pi$ est holomorphe, alors $Q(h) \circ \pi = D(h \circ \pi)$.

Remarquons qu'on ne peut pas supposer que les fonctions a^{α} sont holomorphes car on ne suppose pas que D préserve l'anneau des fonctions sur X_2 provenant des fonctions holomorphes sur X_1. Donc Q n'est pas un opérateur différentiel au sens de la première partie.

Démonstration du lemme : Pour $|\alpha| \leqslant k$ considérons $b^{\alpha} = D(z^{\alpha} \circ \pi)$. Puisque π est un homéomorphisme on peut trouver des fonctions continues a^{α} dans un voisinage V de X_2 telles que $a^{\alpha} \circ \pi = b^{\alpha}$. Posons

$$Q = \sum_{|\alpha| \leqslant k} a^{\alpha} \frac{\partial}{\partial z^{\alpha}}$$

Soit $x \in R(X_2)$ $(x \neq x_2)$; considérons un voisinage V' de x, assez petit, tel que $X_2' = X_2 \cap V'$ soit une sous-variété de V'. π étant un biholomorphisme au dessus de V', $D/_{\pi^{-1}(V')}$ induit un opérateur différentiel D' sur X_2'. $D'(z^{\alpha}/_{X_2'}) = Q(z^{\alpha})/_{X_2'}$ pour $|\alpha| \leqslant k$. Puisque X_2' est une sous-variété de V' nous avons la situation classique (analogue à celle de I, 4) et $Q(f)/_{X_2'} = D'(f/_{X_2'})$ si f est de classe C^k sur V. Donc $Q(f) \circ \pi/_{X_2'} = D(f \circ \pi/_{\pi^{-1}(X_2')})$. Puisque $f \circ \pi$ est holomorphe sur X_1, $D(f \circ \pi)$ est défini et, par continuité, $D(f \circ \pi) = Q(f) \circ \pi$.

Démonstration du théorème :

Soit (Y, π) la normalisation de X. Il s'agit de démontrer que $f \circ \pi$ provient d'une fonction holomorphe sur X. C'est un problème local ; pour

$x \in X$ nous démontrons que $(f \circ \pi)_y \in \pi_1(\Theta(X)_x)$:

Prenons $\delta \in \mathrm{ann}_{\Theta(Y)_y}(\pi_1(\Theta(X)_x))$ et un semi-représentant $\sum D_i$ de δ. D_i est un opérateur différentiel sur une courbe $C_i \subset Y$. $\pi(C_i)$ est une courbe dans X. Il existe un opérateur Q_i sur un voisinage de $\pi(C_i)$ satisfaisant aux conditions du lemme. Remarquons que

$$o = \delta(z^\alpha \circ \pi) = \sum_i D_i(z^\alpha \circ \pi)(y) = \sum_i Q_i(z^\alpha)(o) = \sum_i a_i^\alpha(o) = o$$

$$\text{où } Q_i = \sum_{|\alpha| \leqslant k} a_i^\alpha \frac{\partial}{\partial z^\alpha}$$

Maintenant, $\delta(f \circ \pi) = \sum_i D_i(f \circ \pi)(y) = \sum_i Q_i(f)(o) = \sum_{i,\alpha} a_i^\alpha(o) \frac{\partial f}{\partial z^\alpha}(o) = o$

La démonstration est terminée.

Signalons que SPALLEK [15] a généralisé ce théorème en le théorème suivant . Soit X un ensemble analytique complexe contenu dans un ouvert $U \subset \mathbb{C}^n$ et x un point de X. Alors il existe un entier M tel que, si f est dérivable M fois et holomorphe aux points réguliers de X , alors $f/_X$ est holomorphe. Un exemple où M doit être > 1 est dans [1].

Séminaire P.LELONG
(Analyse)
8e année, 1967/68. 4 Décembre 1967

SEPERATELY ANALYTIC FUNCTIONS AND ENVELOPES OF HOLOMORPHY OF SOME LOWER DIMENSIONAL SUBSETS OF C^n.

par Jozef SICIAK

Introduction. W.F. Osgood proved in [17] , [18] that if $f(z) = f(z_1, \dots, z_n)$ is a function defined in a domain D in the space C^n of n complex variables $z_k = x_k + iy_k (k = 1, \dots, n)$ and f is locally bounded in D and analytic in each variable z_k seperately when the other variables are given arbitrary fixed values, then f is analytic in D. According to the famous theorem of F. Hartogs [7] the assumption of the local boundedness is superfluous. A new elegant proof of the Hartogs theorem may be found in [9] .

If $u(x) = u(x_1, \dots, x_n)$ is a function defined in a domain D in the space R^n of n real variables $x_k (k = 1, \dots, n)$ and u is analytic in each variable x_k seperately, then u is not, in general, an analytic function in D, even if we in addition assume that $u \in C^\infty(D)$. A corresponding example is given by

$$u(x_1, x_2) = x_1 x_2 e^{-1/x_1^2+x_2^2} , \quad u(0, 0) = 0, \quad (x_1, x_2) \in R^2.$$

It is however possible to generalize Hartogs' theorem for the following important class of functions of n real variables. Let E be a subset of R^n. We identify R^n with the subset $\{z \in C^n : y_k = 0, k = 1, \dots, n\}$ of C^n. Then E may be considered as a subset of C^n. Let D be a domain in R^n. Let L_D denote the class of all the functions f defined in D such that for every $x^o \in D$ there exists a polydisc $P(x^o, r) = \{z \in C^n : |z_k - x_k^o| < r_k , k = 1, \dots, n\}$ such that for fixed real ξ_k, where $x_k^o - r_k < \xi_k < x_k^o + r_k$ $(k = 1, \dots, n)$, $k \neq j$, the function $f(\xi_1, \dots, \xi_{j-1}, x_j, \xi_{j+1}, \dots, \xi_n)$, $x_j^o - r_j < x_j < x_j^o + r_j$, is continuable to an analytic function in the disc $|z_j - x_j^o| < r_j$ $(j = 1, \dots, n)$. Every function $f \in L_D$ is analytic in each variable x_j seperately.

Theorem 7.1. of this paper implies as a special case the following.

(I) If D is a domain in R^n then every function $f \in L_D$ is analytic in D.

COROLLARY : If $h(x, u) = h(x_1, \dots, x_p, u_1, \dots, u_q)$ is a function defined in a domain $D \subset R^{p+q}$ and harmonic with respect to x and u seperately then h is harmonic in D.

Theorem (I) generalizes results concerning seperate analyticity of real functions due to P.Lelong [16] and F.E.Browder [3] (see also [4]), where the analyticity has been proved for those functions $f \in L_D$ which are assumed to satisfy some boundedness conditions. The result formulated in Corollary has been first proved in [16]

The problem of analyticity of the functions belonging to L_D is a special case of the following problems. Let D and G be domains in the space C^m and C^n, respectively. Let E and F be relatively closed subsets of D and G, respectively . Put

$$X = (D \times F) \cup (E \times G) .$$

We say that a function $f(z, w) = f(z_1, \ldots, z_m, w_1, \ldots, w_n)$ defined in X is seperately analytic in X, if

(i) $f(z, w^o)$ is analytic in D for each fixed $w^o \in F$,

(ii) $f(z^o, w)$ is analytic in G for each fixed $z^o \in E$.

Problem 1 , Characterize the subsets $E \subset D$ and $F \subset G$ for which every function f seperately analytic in $X = (D \times F) \cup (E \times G)$ may be continued to a function $\tilde{f}$ analytic in an open neighborhood of X.

An answer to this problem gives also an answer to a problem of M. Hukuhara [8] . For the statement and solution of the Hukuhara problem see [19] and [23] .

Problem 2. Determine the envelope of holomorphy of X, i.e. the maximal domain Ω with the property that $\Omega \supset X$ and every function f analytic in a neighborhood of X has an analytic continuation into Ω.

A partial solution of these problems is presented in § 6 and § 7.

To get our solution we prove at first (a) a generalization (see Theorem 1.1.) of a polynomial lemma due to Leja [11] (see also [5]) , (b) a generalization of the Fundamental Lemma of Hartogs (see § 2), (c) a version of Two Constants Theorem for plurisubharmonic functions (see § 3) and (d) an Approximation Lemma (see § 5) . To prove the Approximation Lemma we interpolate seperately analytic functions in nodes which are suitably chosen extremal points of Fekete-Leja type (see § 4).

1. - A polynomial condition. Let E be a compact subset of C^n, $n \geq 1$. We say that E satisfies the polynomial condition (L_o) at a point $z^o \in E$ if for every family $\mathcal{F}$ of polynomials p(z) in n complex variables $z = (z_1, \ldots, z_n)$ such that

(1.1.) $\mathcal{M}_{\mathcal{F}}(z) = \sup\{|p(z)| : p \in \mathcal{F}\} < \infty, z \in E$,

and for vevery $\varepsilon > 0$ there exists two positive numbers $M = M(z_o, \varepsilon)$ and $\delta = \delta(z^o, \varepsilon)$ such that

(1.2.) $|p(z)| \leqslant M\exp(\varepsilon \deg p)$, $\|z - z^o\| < \delta$, $p \in \mathcal{F}$,

where degp denotes the largest sum of exponents occuring in a monomial term of p.

We say that a compact set $E \subset C^n$ satisfies the polynomial condition (L) at $z^o \in E$ if for every $r > 0$ the set $E_r = \{z \in E : \|z - z^o\| < r\}$ satisfies the condition (L_o) at z^o. If E satisfies (L) at each $z^o \in E$ we write $E \in (L)$.

THEOREM 1.1. : A necessary and sufficient condition that a compact subset E of the complex plane C satisfy the condition (Ł) at $z^o \in E$ is that each component of $C \setminus E$ containing z^o on its boundary be regular with respect to the Dirichlet problem at z^o.

By induction with repect to n one can easily prove the following.

THEOREM 1.2. : If E_k is a compact subset of the complex z_k - plane satisfying (L) at $z_k^o \in E_k$ (k = 1, ..., n) then the set $E = E_1 \times \ldots \times E_n$ satisfies (L) at $z^o = (z_1^o, \ldots, z_n^o)$.

Polynomial Lemma. A sufficient condition that a compact set $E \subset C^n$ satisfy the condition (L) at $z^o \in E$ is that there exist continuum E_k in the complex z_k-plane(k = 1, .., n) such that $z^o \in E_1 \times \ldots \times E_n \subset E$.

If n = 1 this lemma is due to Leja [11] . If $n \geqslant 2$ it may easily be proved by the induction ([21]) . Theorem 1.1. generalizes the Polynomial Lemma as well as some another result due to Leja [14] .

Remark 1.1. Let a compact set $E \subset C^n$ satisfy (L) at $z^o \in E$. Let f be an analytic function in a ball $\|z - z^o\| < R$ vanishing on E. Then $f \equiv 0$.

2. - A generalization of the Fundamental Lemma of Hartogs.

THEOREM 2.1. Assume that : (a) G is an open set in C^n, (b) E is a compact subset of G, $E \in (L)$, (c) $\{\lambda_\nu\}$ is a sequence of positive real numbers, (d) T is an arbitrary nonempty set of arbitrary elements, and (d) for every $t \in T$ $\{f_\nu(z, t)\}$ is a sequence of analytic functions in G such that

(i) $\sup_{t \in T} \frac{1}{\lambda_\nu} \log|f_\nu(z, t)| \leqslant K = \text{const}, \quad z \in G, \quad \nu \geqslant 1$,

(ii) $\limsup_{\nu \to \infty} \left[\sup_{t \in T} \frac{1}{\lambda_\nu} \log|f_\nu(z, t)|\right] \leqslant A = \text{const}, \quad z \in E.$

Then for every $\varepsilon > 0$ there exist a positive number $M = M(\varepsilon)$ and an open subset $U = U(\varepsilon)$ of G such that $E \subset U$ and

(iii) $\left| f_\nu(z, t) \right| \leqslant Me^{(A+\varepsilon)\lambda_\nu}$, $z \in U$, $t \in T$, $\nu \geqslant 1$.

This theorem follows immediately from the following

LEMMA 2.1. If E satisfies (L) at a fixed point $z^o \in E$ and (i) and (ii) are satisfied then for every $\varepsilon > 0$ there exist positive numbers $M = M(z^o, \varepsilon)$ and $\delta = \delta(z^o, \varepsilon)$ such that

(iv) $\left| f_\nu(z, t) \right| \leqslant Me^{(A+\varepsilon)\lambda_\nu}$, $\| z - z^o \| < \delta$, $t \in T$, $\nu \geqslant 1$.

COROLLARY 2.1. (Fundamental Lemma of Hartogs). Let $g_\mu(z) = g_{\mu_1 \dots \mu_m}(z_1, \dots, z_n)$ $(\mu_1, \dots, \mu_m) = 0, 1, \dots)$ be an m-fold sequence of analytic functions uniformly bounded on every compact subset of an open set $G \subset C^n$. Let

$$\limsup_{|\mu| \to \infty} \sqrt[|\mu|]{|g_\mu(z)| \quad R^\mu} \leqslant 1, \quad z \in G,$$

where $|\mu| = \mu_1 + \dots + \mu_m$, $R^\mu = R_1^{\mu_1} \dots R_m^{\mu_m}$, $R = \text{const} > 0 (k = 1, \dots, m)$.

Then for every compact subset Q of G and for every $\varepsilon > 0$ there exists a positive number $M = M(Q, \varepsilon)$ such that

$$\left| g_\mu \right| R^\mu \leqslant Me^{|\mu|\varepsilon}, \quad z \in Q, \quad |\mu| \geqslant 0.$$

A generalization of the Hartogs' lemma (for $n = 1$) of the type given by Theorem 2.1. was first offered (using a little bit different language) by Leja ([12], [13]). The reasoning used by us to prove Theorem 2.1. is a modification of the reasoning used by Leja in [12] or in [13].

Let us also mention that Theorem 2.1. is very akin to Theorem 10 in Lelong's paper [16].

3. - A version of Two Constants Theorem for plurisubharmonic functions. Let G be a domain in C^n and let F be a compact subset of G. Denote by $\mathfrak{M} = \mathfrak{M}(G, F)$ the family of all the functions U(w) plurisubharmonic (=plsh.) in G such that

(3.1.) $\quad U(w) \leqslant 0$ on F and $U(w) \leqslant 1$ on G.

Put

(3.2.) $\quad h(w) \equiv h_G(w, F) = \limsup_{w' \to w} \left[\sup \left\{ U(w') : U \in \mathfrak{M} \right\} \right]$, $w \in G$.

The function h is plsh. in G as an upper envelope of a uniformly bounded family of plsh. functions (see [6]). Moreover, if V is an arbitrary plsh. function in G such that $V \leqslant m$ on F and $V \leqslant M$ on G then

(3.3.) $\quad V(w) \leqslant m + (M-m)h(w)$, $w \in G$.

We may treat (3.3.) as a version of the Constants Theorem for plsh. functions.

Example 3.1. Let G be a domain in the complex z-plane and let F be a compact subset of G. Denote by $\hat{F} = \hat{F}_G$ the union of F and of the components of $G \setminus F$ which are relatively compact in G. Then $h_G(z, F)$ is harmonic in $G \setminus \partial\hat{F}$, and in every component Δ of $G \setminus \partial\hat{F}$ the function h_G is identical with the solution of the Dirichlet problem with boundary values equal to 0 on $\partial\hat{F}$ and to 1 on ∂G.

Example 3.2. Let G_k be a domain in the complex w_k-plane regular with respect to the Dirichlet problem. Let F_k be a compact subset of G_k such that $\partial\hat{F}_k \in (L)$ $(k=1,\ldots, n)$. Put

$$\Omega = \{w \in G_1 \times \ldots \times G_n : h(w) < 1\}, \quad h(w) = h_{G_1}(w_1, F_1) + \ldots + h_{G_n}(K_n, F_n).$$

Then $h(w) = h_\Omega(w, F)$, where $F = F_1 \times \ldots \times F_n$.

This may be proved by induction with respect to n.

Condition (A_0). Let G be a domain in C^n and let F be a compact subset of G. We say that the pair (G, F) satisfies the condition (A_0) (and write $(G, F) \in (A_0)$) if for every σ $(0 < \sigma < 1)$ the set

$$G_\sigma = \{w \in G : h_G(w, F) < \sigma\}$$

is a nonempty relatively compact subset of G and $F \subset G_\sigma$. The maximum principle implies that if $(G, F) \in (A_0)$ then $h_G(w, F) < 1$ in G and $\lim_{w \to w^0} h_G(w, F) = 1$ for $w^0 \in \partial G$.

Condition (A). We say that the pair (G, F) satisfies the condition (A) if there exists a sequence of domains G_s, $s = 1, 2, \ldots$ such that $G_s \subset\subset G$ (i.e. G_s is relatively compact in G), $F \subset G_s \subset G_{s+1}$, $(G_s, F) \in (A_0)$ and $G = \cup G_s$. For (G, F) satisfying (A) we put

$$H_G(w, F) = \lim_{s \to \infty} h_{G_s}(w, F), \quad w \in G. \tag{3.4.}$$

The function (3.4.) is plsh. in G as a limit of decreasing sequence of plsh. functions.

Remark 3.1. If (G, F) satisfies (A_0) or (A) then G is a domain of holomorphy (see Theorem 13.6. in [6]).

4. - Extremal points and extremal functions. Let E be a compact subset of the complex z-plane C with positive transfinite diameter d(E). Let b(z) be a real bounded lower semicontinuous function defined on E. Let $\mathfrak{F} = \mathfrak{F}(E, b)$ denote the family of all the polynomials P(z) such that $|P(z)| \leqslant \exp(b(z)\deg P)$, $z \in E$, degP denoting

the degree of P. Put

(4.1.) $\Phi(z) = \Phi(z, E, b) = \sup\left\{|P(z)|^{1/\deg P} ; P \in \mathcal{F}\right\}, \quad z \in \mathbb{C}$.

Φ is called extremal function of E with respect to b.

Given any system $z^{(n)} = \{z_o, \ldots, z_n\}$ of n + 1 distinct points of C we put

$$V(z^{(n)}) = \prod_{o \leq j < k \leq n} |z_k - z_j| , \quad n = 1, 2, \ldots,$$

(4.2.) $L^{(j)}(z, z^{(n)}) = \prod_{\substack{k = o \\ k \neq j}}^{n} \dfrac{z - z_k}{z_j - z_k}$, $\Phi^{(j)}(z, z^{(n)}, b) = L^{(j)}(z,z^{(n)})e^{nb(z_j)}$,

$j = 0, \ldots, n$.

Every system

$$\eta^{(n)} = \{\eta_{no}, \eta_{n1}, \ldots, \eta_{nn}\}, \quad n = 1, 2, \ldots$$

(in the sequel we shall drop the number of the system and write $\{\eta_o, \ldots, {}_n\}$) of n + 1 points of E such that

(4.4.) $V(z^n)\exp\left[-n \sum_{j=o}^{n} b(z_j)\right] \leq V(\eta^{(n)}) \exp\left[-n \sum_{j=o}^{n} b(\eta_j)\right]$, for $z^{(n)} \subset E$,

is called an n-th system of extremal points of E with respect to b. It is known ([20]) that :

(1) $\Phi(z, E, b) = \lim_{n\to\infty} \left[\max_{o \leq j \leq n} |\Phi^{(j)}(z, \eta^{(n)}, b)|\right]^{1/n}$, $z \in C$,

the convergence being uniform on every compact subset of $C \setminus E$.

(2) If Φ is continuous in C the convergence is uniform on every compact subset of C.

For further properties of Φ see [15] , [20] .

Condition (r_o). We say that a bounded plane domain D satisfies the condition (r_o) (and write $D \in (r_o)$) if (1) ∂D consists of a finite number of disjoined Jordan curves $\Gamma_o, \ldots, \Gamma_{k-1}$, the interior of Γ_o containing all the other curves, (2) there exists a positive number r_o such that for every point $z^o \in \partial D$ there exists an open disc $\Delta = \Delta(a, r)$ with center a and radius $r \geq r_o$ such that $\Delta \subset C \setminus D$ and $\bar{\Delta} \cap \bar{D} = \{z_o\}$.

THEOREM 4.1. Assume that : (1) $D \in (r_o)$, (2) E is a compact subset of D, (3) $b_\lambda(z) = \frac{1}{k}\log|p(z)| + \lambda b(z)$, where $\lambda > 0$, $b(z) = 0$ on E, $b(z) = 1$ on ∂D and $p(z) = (z - a_1) \ldots (z - a_{k-1})$ (we put $p(z) \equiv 1$ if $k = 1$), $a_j (j = 1, \ldots, k - 1)$ being a fixed point in the interior of Γ_j, (4) $\eta^{(k\nu)} = \{\eta_o, \ldots, \eta_{k\nu}\}$ is a $(k\nu)^{th}$ extremal points system of $E \cup \partial D$ with respect to b_λ .

Then there exists $\lambda > 0$ such that

$$(4.5.)\quad \lim_{\nu\to\infty} \log\left[\max_{0\leq j\leq k\nu}\left|\Phi^{(j)}(z,\eta^{(k\nu)}, b_\lambda)\right|^{1/\nu}/|p(z)|\right] = k\lambda h_D(z, E),\ z\in D\setminus\partial\hat{E},$$

the convergence being uniform on every compact subset of $D\setminus\partial\hat{E}$. If, moreover, $\partial\hat{E}\in(L)$, then (4.5.) holds uniformly in D.

5. - Interpolation of seperately analytic functions in extremal points.

Approximation Lemma. Let D be a k-connected domain in the complex z-plane satisfying (r_o). Let E be a compact subset of D with $d(E) > 0$. Let U be an open set in C^n and let F be a compact subset of U. Suppose $f(z, w) = f(z, w_1, \ldots, w_n)$ is a function defined and seperately analytic in $X = (D\times F)\cup(E\times U)$.

Then there exists a positive number λ (depending only on D and E) and a sequence $\{Q_\nu(z, w)\}$ of analytic functions in $D\times U$ such that :

(a) The series $\sum Q_\nu$ converges to f in $D\times F$;

(b) For every subdomain G of U such that $F\subset G$ and $|f|\leq M$ = const in $(E\times G)\cup(D\times F)$ the following inequalities are satisfied

$$|Q_\nu| \leq (k\nu+1)\, c\, e^{-k\lambda\nu[\sigma-\varepsilon-\tau-(\sigma-\varepsilon)h_G(w,F)]},\quad z\in D_\tau,\ w\in G,\ \nu\geq\nu_o(\varepsilon,\tau),$$

where 1° $c = c(\sigma, \tau, G)$ depends on σ, τ and G but not on ν nor on (z, w), 2° $\varepsilon, \sigma, \tau$ are arbitrary real numbers satisfying the conditions $\varepsilon > 0$, $0\leq\sigma_o < \tau < \sigma < 1$, 3° σ_o is the smallest number with the property that $0\leq\sigma_o<1$ and for every σ $(\sigma_o<\sigma<1)$ $E_\sigma = \{z\in D : h_D(z, E) = \sigma\}$ is a compact subset of $D\setminus E$;

(c) If $F\in(L)$ and f is bounded in $E\times U$ then there is an open neighborhood V of $D\times F$ such that the series $\sum Q_\nu$ is uniformly convergent on every compact subset of V.

Observe that (a) and (c) give an analytical continuation of f into V.

The proof of the Approximation Lemma is based on Theorem 4.1. and on our version of the Two Constants Theorem as well as on Theorem 2.1. The functions Q_ν may be defined as follows. Let $\eta^{(k\nu)}$ ($\nu = 1, \ldots$) be a $(k\nu)^{th}$ extremal points system of $E\cup\partial D$ with respect to b_λ, where λ is so small that (4.5.) holds. Enumerate the points of $\eta^{(k\nu)}$ in such a way that $\eta_o, \ldots, \eta_{l_\nu}\in E$ and the remaining points of $\eta^{(k\nu)}$ lie in ∂D. Put

$$(5.1.)\quad f_\nu(z, w) = \sum_{j=0}^{l_\nu} f(\eta_j, w)\, L^{(j)}(z, \eta^{(k\nu)})\,[p(\eta_j)]^\nu [p(z)]^{-\nu},\quad z\in D,\ w\in G,\ \nu\geq 1 .$$

Then by residue theorem (compare with [24] , p. 189)

(5.2.) $$f(z, w) - f_\nu(z, w) = \frac{1}{2\pi} \int_{E_\sigma} \frac{r_\nu(z)}{r_\nu(\zeta)} \frac{f(\zeta, w)}{\zeta - z} d\zeta , \quad z \in D_\sigma , \ w \in F ,$$

where $r_\nu(z) = (z - \eta_o) \dots (z - \eta_{k\nu}) \left[p(z)\right]^{-\nu}$, $\nu = 1, 2, \dots$ and $D_\sigma = \left\{z \in D : h_D(z, E) < \sigma\right\}$, $E_\sigma = \partial D_\sigma$, $\sigma_o < \sigma < 1$. Observe that

$$\frac{|r_\nu(z)|}{|r_\nu(\zeta)|} = \frac{|\Phi^{(j)}(z)|}{|\Phi^{(j)}(\zeta)|} \left|\frac{z - \eta_j}{z - \zeta_j}\right| \left(\frac{|p(\zeta)|}{|p(z)|}\right)^\nu , \quad j = o, \dots, k\nu,$$

where $\Phi^{(j)}(z) = \Phi^{(j)}(z, \eta^{(k\nu)}, b_\lambda)$. This and Theorems 4.1. and 2.1. permit us to prove that the sequence $\left\{Q_\nu\right\}$ defined by

$$Q_1 = f_1 , \ Q_\nu = f_\nu - f_{\nu-1} , \quad \nu = 2, 3, \dots .$$

has all the required properties.

6. - Locally bounded seperately analytic functions.

THEOREM 6.1. Let D be an arbitrary domain in the complex z-plane and let E be a compact subset of D such that $\partial\hat{E} \in (L)$. Let G be a domain in the space C^n of n complex variables $w = (w_1, \dots, w_n)$. Let F be a compact subset of G such that $(G, F) \in (A)$. Let $f(z, w)$ be defined in $X = (D \times F) \cup (E \times G)$, locally bounded and seperately analytic in X.

Then f is continuable to an analytic function $\tilde{f}$ in

$$\Omega = \left\{(z, w) \in D \times G : H_D(z, E) + H_G(w, F) < 1\right\}.$$

The domain Ω is the envelope of holomorphy of X.

This theorem may easily be derived from the Approximation Lemma.

7. - The assumption of the local boundedness is superfluous.

The Approximation Lemma implies the following.

Lemma 7.1. Let D be a domain in the z-plane. Let E be a compact subset of D with $d(E) > 0$. Let F be a compact subset of the $w = (w_1, \dots, w_n)$-space with $F \in (L)$. Let U be an open neighborhood of F. Assume that f is a seperately analytic function in $X = (D \times F) \cup (E \times G)$.

Then f is continuable to an analytic function in a neighborhood of $D \times F$. In particular f is locally bounded on $D \times F$.

This lemma implies easily Proposition 1.1. of [23]. On the other hand it follows from [23] that in Lemma 7.1. one cannot drop the assumption that $d(E) > 0$.

THEOREM 7.1. Let D_k be a domain in the complex z_k-plane $(k = 1, \ldots, n)$. Let E_k be a compact subset of D_k, $\partial \hat{E}_k \in (L)$. Let f be defined in

$$(*) \quad X = (D_1 \times E_2 \times \ldots \times E_n) \cup \ldots \cup (E_1 \times \ldots \times E_{n-1} \times D_n)$$

and seperately analytic in X, i.e. for each fixed $(z_1^o, \ldots, z_{k-1}^o,$

$z_{k+1}^o, \ldots, z_n^o) \in (E_1 \times \ldots \times E_{k-1} \times E_{k+1} \times \ldots \times E_n)$ the function $f(z_1^o, \ldots, z_{k-1}^o, z_{k+1}^o, \ldots, z_n^o)$ is analytic in D_k $(k = 1, \ldots, n)$.

Then

1°) f is continuable to an analytic function $\tilde{f}$ in

$$(7.1.) \quad \Omega = \left\{ z \in D_1 \times \ldots \times D_n : h_{D_1}(z_1, E_1) + \ldots + h_{D_n}(z_n, E_n) < 1 \right\},$$

2°) Ω is the envelope of holomorphy of X.

The proof of this theorem is based on : Theorem 1.2. , Theorem 6.1. Example 3.2. and Lemma 7.1. and is carried by induction with respect to n. In [22] Theorem 7.1. has been proved under the assumption that E_k is a line segment in D_k and D_k is symmetric with respect to the line in which E_k is contained. In [22] we used a theorem on expansion of functions analytic in a line interval into a series of Chebyshev polynomials instead of the Approximation Lemma .

Observe that Theorem 7.1. generalizes a theorem in [2] concerning an analytical extension of a union of two confocal elliptical polycilinders.

THEOREM 7.2. Assume that : (1) D_k is a domain in z_k-plane $(k = 1, \ldots, n)$,

(2) E_k is a compact subset of D_k and $d(E_k) > 0$ $(k = 1, \ldots, n)$,

(3) $h_{D_k}(z_k, E_k) \equiv 0$ in D_k $(k = 2, \ldots, n)$ and

(4) f is seperately analytic in X given by (*).

Then f is continuable to an analytic function $\tilde{f}$ in the product $D_1 \times \ldots \times D_n$. In particular this product is the envelope of holomorphy of X.

COROLLARY 7.1. If $E_k \subset D_k$, $d(E_k) > 0$ and D_k is identical with the whole z_k-plane $(k = 1, \ldots, n)$, then every function f defined in X and entire with respect to each variable z_k seperately is continuable to a function analytic in C^n.

Theorem 7.2. may be proved by applying the Approximation Lemma and the following kn
theorem ([10]) :

If E is a compact set in C and if $\{E_n\}$ is an increasing sequence of compact subsets of E such that $E = \bigcup_{k=1}^{\infty} E_n$ then $\lim d(E_n) = d(E)$.

Detailed proofs of all the above theorems will appear elsewhere.

BIBLIOGRAPHIE

[1] AVANISSIAN (V.). - Sur l'harmonicité des fonctions séparément harmoniques, Séminaire de probabilités, Dept. de Math., Strasbourg, Février 1967.

[2] BOCHNER (S.) and MARTIN (W.-T.). - Several complex variables, Princeton, 1948.

[3] BROWDER (F.-E.). - Real analytic functions on product spaces and seperate analyticity, Canada. J. Math., 13(4) , p. 650-656, 1961

[4] CAMERON (R.-H.) and STORVICK (D.-A.). - Analytic continuation for functions of several variables, Trans. Amer. Math. Soc., 125(1), p. 7-12, 1966.

[5] DUDLEY (R.-M.) and RANDOL (B.). - Implications of pointwise bounds on polynomials, Duke Math. J. 29(3), p. 455-458, 1962.

[6] FUKS (B.-A.). - Special chapters of the theory of analytic functions of several complex variables, Moscow, 1963 (Russian).

[7] HARTOGS (F.). - Zur Theorie der analytischen Funktionen mehrerer Veranderlichen, Math. Ann. 62, p. 1-88, 1906.

[8] HUKUHARA (M.). - L'extension du théorème d'Osgood et de Hartogs (en japonais) Kansu-hoteisiki oyobi Oyo-kaiseki, 48, 1930.

[9] KOSEKI (K.). - Neuer Beweis des Hartogschen Satzes, Math. J. Okoyama Univ., 12, p. 63-70, 1966.

[10] LANDKOF (N.-S.). - Foundations of modern potential theory, Moscow, 1966 (in Russian).

[11] LEJA (F.). - Sur les suites de polynômes bornés presque partout sur la frontière d'un domaine , Math. Ann. , 108, p. 517-524, 1933.

[12] - Sur une propriété des suites des fonctions bornées sur une courbe, C.R.Ac.Sc., Paris, 196, p. 321, 1933.

[13] - Une nouvelle démonstration d'un théorème sur les séries de fonctions analytiques, Actas de la Ac. de Lima, 13, p. 3-7, 1950.

[14] - Une condition de régularité et d'irrégularité des points frontières dans le problème de Dirichlet. Ann. de la Soc. Pol. de Math., 20, p. 223-228, 1947.

[15] - Teoria funkcji analitycznych, Warszawa, 1957.

[16] LELONG (P.). - Fonctions plurisousharmoniques et fonctions analytiques de variables réelles. Ann. Inst. Fourier, 11, p. 515-562, 1961.

[17] OSGOOD (W.-F.). - Note über analytische Funktionen mehrerer Veränderlichen, Math. Ann., 52, p. 462-464, 1899.

[18] - Zweite Note über analytische Funktionen mehrerer Veränderlichen Math. Ann., 53, p. 461-464, 1900.

[19] SHIMODA (I.). - Notes on the functions of two complex variables, J. Gakugli Tokushima Univ., 8, p. 1-3, 1957.

[20] SICIAK (J.). - Some applications of the method of extremal points, Coll. Math. 11 209-250, 1964.

[21] - Asymptotic behaviour of harmonic polynomials bounded on a compact set, Ann. Pol. Math. (to appear).

[22] - Analyticity and seperate analyticity of functions defined on lower doimensional subsets of C^n, Zeszyty Naukowe UJ (to appear).

[23] TERADA (T.). - Sur une certaine condition sous laquelle une fonction de plusieurs variables est holomorphe (Diminution de la condition dans le théorème de Hartogs), Publ. Research Institute for Math. Sci., Ser. A (Kyoto), 2, p. 383-396 1967.

[24] WALSH (J.-L.). - Interpolation and approximation, Third edition, Boston, 1960.

Institue of Mathematics, Jagellonian University, CRACOW .

Mathematical Institute of the Polisch Academy of Sciences .

Séminaire P.LELONG
(Analyse)
8e année, 1967/68.

6 Décembre 1967

SUR LE THÉORÈME DU GRAPHE FERMÉ

par C. SUNYACH

Raïkov [1] , Schwartz [2] et de Wilde [3] ont récemment généralisé le théorème du graphe fermé de Banach [4] . Nous allons montrer que le théorème de de Wilde peut se déduire du théorème initial de Banach

Nous n'étudierons pas la méthode de Raïkov qui est proche de celle de de Wilde, ni celle de Schwartz qui est très différente.

I. - Le théorème de Banach.

DÉFINITION 1 : Une application f d'un espace topologique E dans un autre F est presque continue si et seulement si, pour tout $x \in E$ et pour tout ouvert W tels que $f(x) \in W$, alors $x \in \overset{\circ}{\overline{f^{-1} W}}$.

Rappelons que si G' et G sont deux groupes topologiques, h un homomorphisme algébrique de G' dans G, et $\mathcal{U}'$ une base de voisinages du neutre e' de G', pour que le graphe de h soit fermé il faut et il suffit que :

$$\bigcap_{U' \in \mathcal{U}'} \overline{h(U')} = \{e\}$$

THÉORÈME 1 : Soient G', G, et G_o trois groupes topologiques, G_o étant semi-métrisable, h un homomorphisme algébrique de G' dans G, et φ un isomorphisme algébrique de G_o sur G transformant les suites de Cauchy de G_o en suites convergentes dans G, tels que $\overset{-1}{\varphi} \circ h$ soit presque continu.

Si le graphe de h est fermé, alors h est continue.

Si G' est semi-métrisable et si le graphe de h est fermé pour les suites, alors h est continue.

DÉMONSTRATION .

$$G' \xrightarrow{h} G \xleftarrow{\varphi} G_o$$

Soit V un voisinage fermé de e ; puisque φ est continue, il existe un voisinage U_o de e_o (neutre de G_o) tel que $\varphi U_o \subset V$. Soit $(U_n)_{n \geqslant o}$ un système fondamental de voisinages de e_o tels que $U_{n+1}.U_{n+1} \subset U_n$. Puisque $\bar{\varphi}^{-1} \circ h$ est presque continue, pour tout n $\overline{h^{-1}\varphi U_n}$ est un voisinage de e', donc $\overline{h^{-1}\varphi U_n} \subset (h^{-1}\varphi U_n).(\overline{h^{-1}\varphi U_{n+1}})$. Soit $x \in \overline{h^{-1}\varphi U_1}$; on peut donc construire par récurrence $\alpha_p \in h^{-1}\varphi U_p$ et $\beta_p \in \overline{h^{-1}\varphi U_{p+1}}$, tels que $x = \alpha_1 \beta_1$ et $\beta_p = \alpha_{p+1} \beta_{p+1}$, d'où $x = \alpha_1 \ldots \alpha_p \beta_p$. Comme $h(\alpha_p) \in \varphi U_p$, il existe $\theta_p \in U_p$ tel que $h(\alpha_p) = \varphi(\theta_p)$; $\gamma_p = \theta_1\theta_2 \ldots \theta_p$ étant une suite de Cauchy dans G_o, $\varphi(\gamma_p)$ est une suite convergente dans G ; soit z sa limite. Comme $h(\alpha_1 \ldots \alpha_p) \in \varphi(U_1 \ldots U_p) \subset \varphi U_o$, $z \in \overline{\varphi U_o} \subset V$. Soit U' un voisinage arbitraire de e'; comme $\beta_p \in \overline{h^{-1}\varphi U_{p+1}} \subset (h^{-1}\varphi U_{p+1}).U'$, $h(x) \in h(\alpha_1 \ldots \alpha_p).(\varphi U_{p+1}).hU'$. Soit U un voisinage arbitraire de e ; il existe un voisinage W de e tel que $W.W \subset U$. Il existe n tel que si $p \geqslant n$, alors $z^{-1}.h(\alpha_1 \ldots \alpha_p) \in W$ et $\varphi\, U_{p+1} \subset W$. D'où $z^{-1}.h(x) \in W.W.h(U') \subset U.h(U')$. U et U' étant arbitraires, $z^{-1}.h(x) \in \bigcap_{U' \in \mathcal{U}'} \overline{h(U')} = \{e\}$ puisque le graphe de h est fermé. Donc $z = h(x)$, et par conséquent $h(\overline{h^{-1}\varphi U_1}) \subset V$; h est donc bien continue.

Lorsque G' est métrisable, soit W_n un système fondamental de voisinages de e'. Les notations sont les mêmes que précédemment. Comme $\overline{h^{-1}\varphi U_n} \subset (h^{-1}\varphi U_n).W_n$, on pourra choisir $\beta_p \in W_p$. Donc $\alpha_1 \ldots \alpha_p$ converge vers x dans G', et $h(\alpha_1 \ldots \alpha_p)$ converge vers z dans G. Si le graphe de h est fermé pour les suites, $h(x) = z$. D'où

$h(\overline{h^{-1}\varphi U_1}) \subset V$, et par conséquent h est continue.

II. - Espaces à réseau absorbant.

DÉFINITION 2 : Soit E un espace vectoriel topologique ; il admet un réseau absorbant, s'il existe une famille de disques(*) $(e_s)_{s \in \mathcal{S}}$, $\mathcal{S}$ désignant l'ensemble des suites finies d'entiers, tels que :

(1) $\bigcup_{n_1 \in \mathbb{N}} e_{n_1}$ absorbe tout élément de E, et pour tout $s \in \mathcal{S}$, $\bigcup_{p \in \mathbb{N}} e_{(s,p)}$ absorbe tout élément de e_s.

(2) Pour toute suite infinie d'entiers (n_p) et pour toute suite $x_k \in E$ telle que $x_k \in x_{k-1} + e_{n_1 \ldots n_k}$ pour chaque k, (x_k) converge.

On peut supposer de plus que $e_{n_1 \ldots n_k} \subset e_{n_1 \ldots n_{k-1}}$ pour tout k, ce que nous ferons dans la suite .

(*) partie convexe et équilibrée.

Exemples d'espaces à réseau absorbant.

a) Tout espace de Fréchet est à réseau absorbant.

b) Tout espace souslinien, complet pour les suites, est à réseau absorbant.

c) Si E est limite inductive stricte d'espaces de Fréchet, et F union dénombrable d'images linéaires continues d'espaces de Fréchet, $\mathcal{L}_{\mathfrak{B}}(E, F)$ est à réseau absorbant ($\mathfrak{B}$ étant une famille de bornés, filtrante pour la réunion, et $\bigcup_{B \in \mathfrak{B}} B$ dense dans E).

THÉORÈME 2 (d'après de Wilde [3]).

Soient E un espace vectoriel topologique de Baire (resp. de Baire et métrisable), F est un espace à réseau absorbant et T une application linéaire de E dans F. Si le graphe de T est fermé (resp. fermé pour les suites), alors T transforme les filtres de Cauchy en filtres convergents.

Il existe une suite infinie (n_k) telle que pour tout k, $\overset{-1}{T}\, e_{n_1 \ldots n_k}$ ne soit pas maigre dans E. En effet, $\bigcup_{n \in \mathbb{N}} e_n$ étant absorbant dans F, $\bigcup_{n \in \mathbb{N}} \overset{-1}{T}\, e_n$ est absorbant donc il existe n_1 tel que $\overset{-1}{T}\, e_{n_1}$ ne soit pas maigre. Si $\overset{-1}{T}\, e_{n_1 \ldots n_k}$ n'est pas maigre, comme $\bigcup_{p \in \mathbb{N}} \overset{-1}{T}\, e_{n_1 \ldots n_k p}$ est absorbant dans $\overset{-1}{T}\, e_{n_1 \ldots n_k}$, il existe n_{k+1} tel que $\overset{-1}{T}\, e_{n_1 \ldots n_{k+1}}$ ne soit pas maigre, d'où la suite (n_k) par récurrence. Donc en particulier $\overline{\overset{-1}{T}\, e_{n_1 \ldots n_k}}$ est un voisinage de 0 dans E.

Considérons le groupe topologique suivant, noté G_o : il a pour ensemble sous-jacent celui de F, pour structure algébrique l'addition de F, et pour base de voisinages de 0 les ensembles $2^{-p} e_{n_1 \ldots n_p}$, où (n_p) est la suite précédemment déterminée. Soit φ_o la bijection canonique de G_o sur F ; d'après la deuxième hypothèse des espaces à réseau absorbant, φ_o transforme les suites de Cauchy de G_o en suites convergentes de F. D'après le théorème 1, T est donc continue.

Soient $\hat{G}_o$ le complété de G_o et $\hat{\varphi}_o$ le prolongement de φ_o ; $\hat{\varphi}_o(\hat{G}_o) = F$, car φ_o transforme les suites de Cauchy de G_o en suites convergentes dans F. Soient G_1 le groupe additif de F, muni de la topologie quotient de $\hat{G}_o$, et φ_1 la bijection continue de G_1 sur F provenant de la factorisation de $\hat{\varphi}_o$. G_1 est complet et métrisable, et $\overset{-1}{\varphi_1}$ o T est presque continue . Donc $\overset{-1}{\varphi_1}$ o T est continue et l'image d'un filtre de Cauchy de E converge dans G_1, car G_1 est complet, donc elle converge aussi dans F.

Puisque T est continue, $\overset{-1}{T}(\bar{e}_{n_1 \ldots n_k})$ est un voisinage de 0, donc est absorbant dans E. La relation $T(\overset{-1}{T}\bar{e}_{n_1 \ldots n_k}) \subset \bar{e}_{n_1 \ldots n_k}$ montre que $T\,E \subset \,>\bar{e}_{n_1 \ldots n_k}<$, où $>\bar{e}_{n_1 \ldots n_k}<$ désigne l'espace vectoriel engendré par l'adhérence dans F de $e_{n_1 \ldots n_k}$, et par conséquent

$$T\,E \subset \bigcap_{k \in \mathbb{N}} \,>\bar{e}_{n_1 \ldots n_k}< \,.$$

COROLLAIRE. Tout espace vectoriel topologique séparé , de Baire et à réseau absorbant est un espace de Fréchet.

D'après le théorème 2, un tel espace est complet. De plus, il existe une suite (m_k) telle que pour chaque k, $\bar{e}_{m_1 \ldots m_k}$ soit un voisinage de 0. D'après la deuxième hypothèse des espaces à réseau absorbant, cette suite $(\bar{e}_{m_1 \ldots m_k})$ est un système fondamental de voisinages de 0. L'espace est donc localement convexe et métrisable.

Propriétés de stabilité des espaces à réseau absorbant.

a) Une image linéaire continue pour les suites d'un espace à réseau absorbant.

b) Un sous-espace vectoriel fermé pour les suites d'un espace à réseau absorbant est à réseau absorbant.

c) Tout espace limite inductive (resp. projective) dénombrable d'espaces à réseau absorbant est à réseau absorbant.

d) Si E est limite inductive dénombrable d'espaces de Banach et F complet à réseau absorbant, $\mathcal{L}_{\mathcal{B}}(E, F)$ est à réseau absorbant ($\mathcal{B}$ étant une famille de bornés filtrante pour la réunion et $\bigcup_{B \in \mathcal{B}} B$ dense dans E).

III. - Compléments.

Il existe des espaces vectoriels topologiques qui vérifient le théorème du graphe fermé, lorsque l'espace de départ est un espace vectoriel topologique tonnelé arbitraire, mais qui ne sont pas à réseau absorbant. Par exemple $\mathbb{R}^I$, avec I non dénombrable . En effet, c'est un espace de Baire, donc s'il était à réseau absorbant il serait métrisable. Ceci montre d'autre part, qu'il existe des espaces vectoriels topologiques à réseau absorbant dont le complété n'est pas à réseau absorbant.

On peut se demander si dans le théorème 2, les hypothèses sur E peuvent être affaiblies. On démontre les résultats suivants.

PROPOSITION 1. Si E est un espace localement convexe séparé et si le théorème du graphe fermé est vrai pour tout couple (E, F) , où F est un espace de Banach arbitraire, alors E est tonnelé.

PROPOSITION 2. Si F est un espace localement convexe et séparé, et s'il n'existe pas de topologie localement convexe tonnelée et séparée strictement moins fine que celle de F, alors F est complet.

Donc dans le théorème 2, nous devrons supposer que E est tonnelé, mais ce n'est pas suffisant car il existe des limites inductives dénombrables d'espaces de Fréchet séparées et non complètes. Ceci montre d'autre part, qu'il existe des espaces tonnelés qui ne sont pas limite inductive d'espaces de Baire.

On trouve dans [5] des références utiles à ce sujet (chap. 6).

BIBLIOGRAPHIE

[1] RAIKOV (D.A.). - Sibirskii Matem. J., 7, p. 353-372, 1966.

[2] SCHWARTZ (L.). - C.R.Acad.Sc. Paris, 263, p. 603-605, 1966.

[3] de WILDE (M.). - C.R.Acad.Sc.Paris, 265, p. 376-479, 1967.

[4] BANACH (S.). - Théorie des opérations linéaires, Monografje Matematyczne, I, Warszawa, 1932.

[5] ROBERTSON (A.P. et W.J.). - Topological vector spaces, Cambridge University Press, 1966.

Séminaire P. LELONG
(Analyse)
8e année, 1967/68

13 et 20 Décembre 1967

ÉQUATIONS AUX DÉRIVÉES PARTIELLES DANS L'ESPACE DES HYPERFONCTIONS

par Pierre SCHAPIRA

Introduction.

Nous ne refaisons pas ici la théorie des hyperfonctions de SATO. Nous renvoyons le lecteur à l'exposé de J.-L. VERLEY à ce Séminaire (12) ou à celui de A. MARTINEAU (9).

Nous abordons différents problèmes concernant les hyperfonctions :

- Convolution

- Division

- Régularité des solutions des équations elliptiques (coefficients constants)

- Conditions nécessaires d'existence de solutions des équations aux dérivées partielles du premier ordre.

1. - Notations et rappels.

Soit K un compact de $\mathbb{R}^n$, Ω un ouvert de $\mathbb{R}^n$, $\tilde{\Omega}$ un ouvert de $\mathbb{C}^n$. Nous désignerons par $\mathcal{O}\mathcal{L}(K)$, $\mathcal{O}\mathcal{L}(\Omega)$, $B(\Omega)$, $H(\tilde{\Omega})$ l'espace des fonctions analytiques sur K, sur Ω, l'espace des hyperfonctions sur Ω, et enfin l'espace des fonctions holomorphes sur $\tilde{\Omega}$.

Rappelons que :

Le préfaisceau $\Omega \rightarrow B(\Omega)$ est un faisceau flasque dont le groupe des sections à support dans un compact K s'identifie à $\mathcal{O}\mathcal{L}'_K$, dual de $\mathcal{O}\mathcal{L}(K)$ (cf. (8),(9)).

Supposons $\tilde{\Omega}$ d'holomorphie, et

$$\tilde{\Omega} \cap \mathbb{R}^n = \Omega$$

soit $\tilde{\omega}_i = \{z \in \tilde{\Omega} \mid \operatorname{Im} z_i \neq 0\}$

$$\tilde{\Omega}_i = \bigcap_{j \neq i} \tilde{\omega}_j \qquad \tilde{\Omega} \# \Omega = \bigcap_1^n \tilde{\omega}_i .$$

Alors on a un isomorphisme :

$$B(\Omega) \simeq \frac{H(\tilde{\Omega} \# \Omega)}{\sum_1^n H(\tilde{\Omega}_i)}$$

2. - <u>Équations de convolution.</u>

Soit $\mathbb{C}^n_j = \left\{ z \in \mathbb{C}^n \; ; \; \operatorname{Im} z_i \neq 0 \quad \forall\, i \neq j \right\}$

On sait que $B(\mathbb{R}^n) \simeq \dfrac{H(\mathbb{C}^n \# \mathbb{R}^n)}{\sum_1^n H(\mathbb{C}^n_j)}$

Si $u \in \mathfrak{A}'(\mathbb{R}^n)$, et si f est une fonction holomorphe dans un tube $\mathbb{R}^n \times i\Omega$ on peut définir la convolée de f par u,

$$u * f \in H(\mathbb{R}^n \times i\Omega)$$

$$(u * f)\,(x + iy) = (u_t,\ f(x - t + iy))$$

Si $f \in H(\mathbb{C}^n \# \mathbb{R}^n)$ est le représentant d'une hyperfonction $T \in B(\mathbb{R}^n)$, on peut définir $u * T$ par :

$$u * T = \text{classe de } u * f$$

Cette définition de la convolution des hyperfonctions coïncide avec celle donnée dans (9).

Le théorème qui suit n'est publié nulle part mais est bien connu, au moins de M. MARTINEAU.

THÉORÈME 1 : <u>Si u est soit une distribution à support compact, soit une fonctionnelle analytique de support un point on a :</u>

$$\underline{u * B(\mathbb{R}^n) = B(\mathbb{R}^n).}$$

D'après ce qui précède il suffit de vérifier que sous les hypothèses du théorème, $u * H(\mathbb{C}^n \# \mathbb{R}^n) = H(\mathbb{C}^n \# \mathbb{R}^n)$ mais $\mathbb{C}^n \# \mathbb{R}^n$ étant réunion disjointe de tubes convexes le théorème résulte de :

1) $u * H(\mathbb{C}^n) = H(\mathbb{C}^n)$ (cf. 10)

2) Si $\tilde{U} = \mathbb{R}^n \times iU$ est un tube convexe et sous les hypothèses du théorème sur u, on a :

$$\check{u} * H'(\mathbb{C}^n) \cap H'(\tilde{U}) = \check{u} * H'(\tilde{U}) \; ;$$

C'est le théorème des supports de LIONS-MARTINEAU (8, 10).

COROLLAIRE.

<u>Si $u \in \mathfrak{A}'(\{0\})$ on a pour tout ouvert Ω de $\mathbb{R}^n$: $u * B(\Omega) = B(\Omega)$.</u>

Cela résulte de ce que B est un faisceau flasque .

3. - Division des hyperfonctions.

Soit Ω un ouvert connexe de $\mathbb{R}^n$, et $f \in \mathcal{O}\!\mathcal{L}(\Omega)$, $f \neq 0$.

Nous désignons par $\tilde{\Omega}$, $\tilde{\Omega}_1$, ... des ouverts de $\mathbb{C}^n$.

THÉORÈME 2 :

On a : $f\, B(\Omega) = B(\Omega)$.

Les hyperfonctions étant des sommes localement finies de fonctionnelles analytiques il suffit de démontrer que pour tout compact K de Ω on a : $f\,\mathcal{O}\!\mathcal{L}'_K = \mathcal{O}\!\mathcal{L}'_K$.
En utilisant le fait que $\mathcal{O}\!\mathcal{L}'_K$ est un espace de Fréchet-Schwartz et des raisonnements classiques d'analyse fonctionnelle, on se ramène à démontrer que :

-a) si $B \subset \mathcal{O}\!\mathcal{L}(K)$, f B est borné dans un espace $H(\tilde{\Omega}_1)$, c'est que B est contenu dans un espace $H(\tilde{\Omega}_2)$;

-b) si $f \in H(\tilde{\Omega})$, on a : $f\, H(\tilde{\Omega})$ est fermé dans $H(\tilde{\Omega})$.

Ces deux assertions résultent de ce que si $a \in \Omega$, f est un homomorphisme (d'image fermée) de $H(\{a\})$ dans $H(\{a\})$ (cf.(6)).

4. - Régularité des solutions des équations elliptiques.

Nous utiliserons le lemme suivant qui a été démontré par KISELMAN (à paraître) et qui est à rapprocher de (7).

LEMME 1.

Soit $\tilde{\Omega}$ un ouvert convexe de $\mathbb{C}^n$ et P(D) un opérateur différentiel à coefficients constants en $\frac{\partial}{\partial z_i}$, (i = 1 ... n).

Soit $a \in \partial\tilde{\Omega}$. Supposons que tout hyperplan réel caractéristique passant par a rencontre $\tilde{\Omega}$ (i.e. : si $P_m(\zeta) = 0$, $\exists\, z \in \tilde{\Omega}$ tel que $\operatorname{Re} \langle z - a , \zeta \rangle = 0$). Alors si $f \in H(\tilde{\Omega})$, $P(D) f = 0$, f se prolonge en une fonction holomorphe au voisinage de a.

THÉORÈME 3 :

Soit P(D) un opérateur différentiel elliptique sur $\mathbb{R}^n$ à coefficients constants. Si $u \in B(\Omega)$ et $P(D)u \in \mathcal{O}\!\mathcal{L}(\Omega)$, $u \in \mathcal{O}\!\mathcal{L}(\Omega)$.

Comme le théorème est local on peut, en appliquant le théorème de CAUCHY-KOWALEWSKI, supposer que : P(D)u = o , Ω est un cube convexe.

Soit $f \in H(\tilde{\Omega} \# \Omega)$, où $\tilde{\Omega} = \Omega \times i\mathbb{R}^n$, un représentant de u.

L'hypothèse P(D)u = o implique :

$$\tilde{P}(D) f \in \sum_1^n H(\tilde{\Omega}_i)$$

où $\tilde{P}(D)$ est le "complexifié" de P(D).

Soit donc $g_i \in H(\tilde{\Omega}_i)$ telles que $\tilde{P}(D)f = \sum_1^n g_i$.

Comme les $\tilde{\Omega}_i$ sont réunion disjointe d'ouverts convexes, il existe des fonctions $g'_i \in H(\tilde{\Omega}_i)$ telles que

$$\tilde{P}(D)g'_i = g_i .$$

Alors $f - \sum_1^n g'_i = f'$ est un représentant de u et vérifie

$$\tilde{P}(D)f' = o.$$

Pour démontrer le théorème 3 il faut montrer que toutes les restrictions de f' aux composantes connexes de $\Omega \# \Omega$ se prolongent à travers Ω, donc d'après le lemme 1 que tout hyperplan réel caractéristique passant par Ω coupe toutes les composantes connexes de $\tilde{\Omega} \# \Omega$.

Démontrons ceci par exemple pour

$$\Omega^+ = \Omega \times i(\mathbb{R}^+)^n$$

Soit $\zeta \in \mathbb{C}^n$, $P_m(\zeta) = o$, $\zeta \neq o$.

Soit $a \in \Omega$, et y le vecteur de $\mathbb{R}^n$ de coordonnées (1 , 1, ... 1).

$$\mathrm{Re} \langle x + i\varepsilon y - a, \zeta \rangle = \langle x - a, \mathrm{Re}\, \zeta \rangle - \varepsilon \langle y, \mathrm{Im}\, \zeta \rangle$$

Il faut donc montrer que pour $\varepsilon > o$ bien choisi, l'équation

$$\langle x - a , \mathrm{Re}\, \zeta \rangle = \varepsilon \langle y , \mathrm{Im}\, \zeta \rangle$$

a une solution $x \in \Omega$, ce qui est évident (il suffit de prendre ε assez petit), puisque P(D) étant elliptique , $\mathrm{Re}\, \zeta \neq o$.

<u>Remarque</u>. - Ce théorème a déjà été démontré par BENGEL (1) et HARVEY (4).

5. - Une condition nécessaire pour l'existence de solutions des équations aux dérivées partielles du premier ordre.

Nous désignons par P un opérateur différentiel du premier ordre à coefficients analytiques dans un voisinage Ω de l'origine de $\mathbb{R}^n$. Nous supposerons que la partie principale P_1 de P ne s'annule pas à l'origine et que $n > 1$.

Le théorème 4 est une extension d'un théorème classique de HÖRMANDER ((5) , th. 6 11, th. 6 14) au cas des hyperfonctions.

Nous publierons prochainement une démonstration de ce théorème pour les opérateurs d'ordre quelconque, et une réciproque dans le cas du premier ordre. Pour une démonstration différente dans un cas particulier cf. (11).

THÉORÈME 4 :

Supposons les coefficients de P analytiques dans un voisinage Ω de o et supposons qu'il existe une fonction ω analytique dans Ω telle que :

$$P_1(x, \text{Grad } \omega) = 0$$
$$\text{Im } \omega(x) = 0 \Longrightarrow x = 0$$

Alors il existe $\varepsilon > 0$ tel que :

$$P\,B(\Omega) \not\supset H(|\text{Im } z| < \varepsilon).$$

(On identifie l'espace des fonctions holomorphes dans la bande $|\text{Im } z| < \varepsilon$ à l'espace de leurs restrictions à Ω. Nous notons pour abréger H_ε cet espace).

En diminuant Ω on peut supposer que :

- Ω est borné
- $\text{Im } \omega \geqslant 3c$ sur $\partial\Omega$, $c > 0$ (si $\text{Im } \omega \leqslant 0$ on peut remplacer ω par $-\omega$).
- $\text{Im } \omega(x) = q_e(x) + O(|x|^{e+1})$ où q_e est un polynôme homogène de degré $e \geqslant 2$.

La solution α de ${}^tP\alpha = \Theta$, $\alpha(0) = 0$, où Θ est le terme de degré o de ${}^tP$ est analytique, de même que ω et les coefficients de P, au voisinage de $\bar{\Omega}$.

Soit $\xi = \text{Grad } \omega(0)$ - ($\xi \in R^n$ d'après l'hypothèse sur les zéros de $\text{Im } \omega$).

Soit $\varphi \in \mathcal{D}(R^n)$ telle que $\varphi(\xi) \neq 0$.

Soit $\varepsilon > 0$ tel que

$$\langle \text{Im } z, \eta \rangle < c$$

si $|\text{Im } z| < \varepsilon$, $\eta \in \text{supp } \varphi$.

Supposons que $P\,B(\Omega) \supset H_\varepsilon$;

On sait (9) que
$$B(\Omega) \simeq \frac{\mathfrak{A}'_{\bar{\Omega}}}{\mathfrak{A}'_{\partial\Omega}}$$

Soit $\bar{P} : \mathfrak{A}'_{\bar{\Omega}} \times \mathfrak{A}'_{\partial\Omega} \to \mathfrak{A}'_{\bar{\Omega}}$

$$(u, v) \longrightarrow Pu + v$$

L'espace H_ε s'envoie dans $\mathfrak{A}'_{\bar{\Omega}}$ par $g \to \int_{\bar{\Omega}} g \,.\, dx$.

L'hypothèse impliquerait que

$$\bar{P}(\mathfrak{A}'_{\bar{\Omega}} \times \mathfrak{A}'_{\partial\Omega}) \supset H_\varepsilon$$

Soient alors $\tilde{\Omega}_1$ et $\tilde{\Omega}_2$ des voisinages complexes de $\bar{\Omega}$ et $\partial\Omega$ tels que

$\tilde{\Omega}_2 \subset \tilde{\Omega}_1$, les coefficients de P, ω et α sont holomorphes dans $\tilde{\Omega}_1$ et $\operatorname{Im} \omega \geq 2c$ sur $\tilde{\Omega}_2$.

L'hypothèse impliquerait que la forme bilinéaire sur $H(\tilde{\Omega}_1) \times H_\varepsilon$:

$$(f, g) \longrightarrow \int_{\bar{\Omega}} f\, g\, dx$$

serait séparément continue quand on met sur $H(\tilde{\Omega}_1)$ la topologie (métrisable) limite projective de ${}^{\epsilon}PH(\tilde{\Omega}_1)$ et $H(\tilde{\Omega}_2)$ et sur H_ε sa topologie naturelle d'espace de Fréchet. Elle serait donc continue d'après un théorème classique, ce qui implique qu'il existerait des compacts

$$K_1 \subset \tilde{\Omega}_1, \quad K_2 \subset \tilde{\Omega}_2, \quad K_3 \subset \{|\operatorname{Im} z| < \varepsilon\}$$

et une constante A tels que

$$(*) \quad \left| \int_{\Omega} fg\, dx \right| \leq A \sup_{K_3} |g| \left[\sup_{K_1} |{}^tP f| + \sup_{K_2} |f| \right]$$

si $f \in H(\tilde{\Omega}_1)$, $g \in H(|\operatorname{Im} z| < \varepsilon)$.

Soient alors :

$$f_\tau = e^{-\alpha}\, e^{i\tau\omega}$$
$$g_\tau(x) = \tau^n \hat{\varphi}(\tau x)$$

On a ${}^{\epsilon}P\, f_\tau = 0$

$$\sup_{K_3} |g_\tau| \leq B\, e^{c\tau}$$
$$\sup_{K_2} |f_\tau| \leq C\, e^{-2c\tau}$$

Donc le second membre de l'inégalité (*) tend vers zéro quand τ tend vers $+\infty$

Par contre :

$$\int_{\bar{\Omega}} f_\tau\, g_\tau\, dx = \int_{\tau\Omega} \hat{\varphi}(x) f_\tau\left(\frac{x}{\tau}\right) dx$$

et ceci tend vers : $\displaystyle\int_{\mathbb{R}^n} \hat{\varphi}(x)\, e^{i\langle x, \xi\rangle} dx = \varphi(\xi) \neq 0.$

COROLLAIRE :

Sous les hypothèses du théorème 4 et si B_0 désigne l'espace des germes d'hyperfonctions à l'origine, $\forall \varphi \in \mathcal{D}(\mathbb{R}^n)$, $\exists f \in \mathcal{E}(\mathbb{R}^n)$ tel que :

$$\varphi * f \notin P\, B_0.$$

En effet sinon on aurait :

$$\varphi * \mathcal{E}(\mathbb{R}^n) \subset P\, B_0$$

et $B_0 \simeq \dfrac{\mathfrak{A}'_K}{\mathfrak{A}'_{K-\{0\}}}$ pour tout compact K voisinage de 0.

On aurait alors :

$$\bar{P}(\mathfrak{A}'_K \times \mathfrak{A}'_{K-\{o\}}) \supset \varphi^* \mathcal{E}(R^n) \quad \text{où } \bar{P}(u, v) = Pu + v .$$

Comme $\mathfrak{A}'_{K-\{o\}} = \varinjlim_{\varepsilon} \mathfrak{A}'_{K-S_\varepsilon}$ où S_ε est la boule ouverte de centre o, de rayon ε, et comme $\varphi^* \mathcal{E}(R^n)$ ainsi que $\mathfrak{A}'_{K-S_\varepsilon}$ sont des espaces de Fréchet, on en conclurait d'après un théorème de GROTHENDIECK (3, p. 15) qu'il existe $\varepsilon_o > o$ tel que :

$$\bar{P}(\mathfrak{A}'_K \times \mathfrak{A}'_{K-S_{\varepsilon_o}}) \supset \varphi^* \mathcal{E}(R^n)$$

donc que $\varphi^* \mathcal{E}(R^n) \subset P\,B(S_{\varepsilon_o})$, et ceci contredit le théorème 4 puisque $\mathfrak{A}(R^n) \subset \varphi^* \mathcal{E}(R^n)$ d'après (2).

BIBLIOGRAPHIE

[1] BENGEL (G.) . - Das Weylsche Lemma in der theorie der hyperfunktionen. Math. Zeitschr, t. 96, p. 373-392, 1967.

[2] EHRENPREIS (L.) . - Solutions of some problems of division. Amer. Journ. of Math., t. 82, p. 522-588, 1960.

[3] GROTHENDIECK (A.) . - Produits tensoriels topologiques. Mem. Amer. Math. Soc., t. 16, 1955.

[4] HARVEY (R.) . - Hyperfunctions and partial differential operators (thesis).Standford Univ., 1966.

[5] HÖRMANDER (L.) . - Linear partial differential operators. Springer Verlag, 1963.

[6] HÖRMANDER (L.) . - Introduction to complex analysis in several variable. Van Norstrand.

[7] KISELMAN (C.-O.) . - Existence and approximation theorems for solutions of complex analogues of boundary problems. Arkiv. för Maths. Band 6, n 11, p. 193-207, 1965.

[8] MARTINEAU (A.). - Sur les fonctionnelles analytiques et la transformée de FOURIER-BOREL. Journ. Anal. Math. Jerusalem, t. 11, p. 1-164, 1963.

[9] MARTINEAU (A.) . - Les hyperfonctions de M. SATO. Sem. BOURBAKI, 13e année, n 214, 1960-1961.

[10] MARTINEAU (A.) . - Equations différentielles d'ordre infini. Bull. Soc. Math. France, t. 95, n 2, p. 109-154, 1967.

[11] SCHAPIRA (P.) . - Une équation aux dérivées partielles sous solutions dans l'espace des hyperfonctions. C.R. Acad. Sc., t. 265, série A, p. 665-667, 20 nov. 1967.

[12] VERLEY (J.-L.) . - Introduction à la théorie des hyperfonctions. Sém. P. LELONG, 7e année, n 5, 1966-1967.

Séminaire P.LELONG
(Analyse)
8e année, 1967/68. 10 Janvier 1968

SUR CERTAINS ESPACES DE FONCTIONS CONTINUES ASSOCIÉS À DES POIDS

par Madame F. E X B R A Y A T

Introduction.

Cet exposé est essentiellement fondé sur les deux articles de J.-B. CONWAY parus au B.A.M.S. en 1966 [1] [2] . Pour la deuxième partie, j'aurai besoin de résultats exposés dans [3] comme dans [4] et [5] . On trouvera d'intéressantes applications de la topologie-β dans [6] .

1. - Généralités. Le problème de BUCK.

Dans tout ce qui suit, X désigne un espace localement compact . Notons C(X) l'espace des applications continues bornées de X dans $\mathbb{C}$. Nous voulons définir sur C(X), une topologie -dite topologie β , ou topologie stricte- et donner une réponse au problème posé par R.C. BUCK : C(X), muni de la topologie β, est-il un espace de MACKEY ?

Comme d'habitude $C_o(X)$ (resp. $C_o^+(X)$) est l'espace des fonctions (resp. des fonctions positives ou nulles) continues sur X, nulles à l'infini ; $\mathcal{K}(X)$ est l'espace des fonctions continues sur X, à support compact.

Si $f \in C(X)$, on pose $\|f\|_\infty = \sup_{x \in X} |f(x)|$

Si $\phi \in C_o(X)$, et $f \in C(X)$, on pose : $\|f\|_\phi = \|f\phi\|_\infty$.

$f \to \|f\|_\phi$ est une semi-norme sur C(X).

Par définition, la topologie β est la topologie d'espace localement convexe séparé de C(X) associée à la famille de semi-normes $\| \ \|_\phi$, pour ϕ dans $C_o(X)$. Si nous désignons par V_ϕ la semi-boule unité de la semi-norme $\| \ \|_\phi$, la famille des V_ϕ , pour ϕ dans $C_o(X)$ est un système fondamental de voisinages de 0 dans C(X) muni de la topologie β .

THÉORÈME 1.1. : (a) La topologie β est moins fine que la topologie $\| \ \|_\infty$.
(b) $\mathcal{K}(X)$ est β-dense dans $C(X)$.
(c) Les ensembles β-bornés de $C(X)$ sont exactement les ensembles bornés en $\| \ \|_\infty$
(d) Le dual topologique de $C(X)$ muni de β est l'espace $M(X)$ des mesures de Radon complexes bornées sur X.
(e) $(C(X); \beta)$ est complet.

Démonstration. (a) et (b) sont immédiats, ainsi que (e).
(c) Démontrons d'abord un :

LEMME 1.1. : Soient $\mu_1, \mu_2, \ldots, \mu_n$ dans $M(X)$.
Il existe ϕ dans $C_o^+(X)$ telle que :

$$\int \frac{1}{\phi} d|\mu_i| < 1 \quad \text{pour} \quad i = 1, 2, \ldots, n .$$

Il suffit de prouver le lemme pour une mesure, même pour une mesure positive μ. Dans ces conditions, soit ε_n une suite strictement décroissante vers 0, dans $\mathbb{R}$. On peut trouver une suite strictement croissante de compacts K_n de X telle que $\mu(X - K_n) \leqslant \varepsilon_n$ pour tout n. Cette suite de compacts n'est pas forcément exhaustive dans X. Notons $\omega_n = \overset{\circ}{K}_n$, $a_n = \mu(\omega_{n+1} - \bar{\omega}_n)$; prenons φ_n application de X dans $[0; 1]$, nulle sur ω_{n-2} et sur $X - \omega_{n+2}$, égale à 1 sur $\omega_{n+1} - \bar{\omega}_n$.

De façon générale, si b_n tend vers 0 avec $\frac{1}{n}$, $\varphi = \sum_n b_n \varphi_n$ définit une fonction qui appartient à $C_o^+(X)$. On a alors

$$\int \frac{1}{\varphi} d\mu \leqslant \sum_n a_n \times b_n^{-1} ,$$

où a_n est une série convergente à termes positifs.

Le lemme est démontré si l'on sait choisir c_n tendant vers $+\infty$ avec n, et telle que $\sum_n a_n c_n < +\infty$, ce qui est.

Ceci fait, on en déduit immédiatement que :

(1) β est plus fine que $\sigma(C(x), M(X))$

(2) Pour prouver (d), il suffit de voir que toute forme linéaire β-continue sur $C(X)$ peut se représenter à l'aide d'une mesure bornée. En effet si $1 \in (C(x); \beta)'$, 1 est continue pour une certaine semi-norme $\| \ \|_\phi (\phi \in C_o(X))$. Dans ces conditions, $E = \{ \phi f \text{ pour } f \in C(X) \}$ est un sous-espace de $C_o(X)$, et $L(\phi f) = 1(f)$ définit une forme linéaire bornée sur E, que l'on prolonge à $C_o(X)$ grâce à HAHN-BANACH,

et que l'on représente grâce à RIESZ.

(3) Pour prouver (c), il suffit de voir que toute partie B de C(X) bornée pour σ (C(X), M(X)) est bornée pour $\| \;\|_\infty$. Pour cela, il suffit de considérer les éléments de B comme formes continues sur M(X), et d'appliquer BANACH-STEINHAUS.

Ceci achève la démonstration du théorème 1.

Nous appelons β-weak-* la topologie faible de M(X) : σ(M(X), C(X)), pour la distinguer de la topologie faible classique σ(M(X), C_o(X)). Comme d'habitude, H ⊂ M(X) sera dit <u>β-équicontinu</u> - si H est une partie d'un polaire V_ϕ^o. Nous voulons maintenant caractériser de telles parties.

THÉORÈME 1.2. : <u>$V_\phi^o = \{\phi\, \nu$ pour $\|\nu\| \leqslant 1\}$</u>.

<u>Démonstration</u>. Soit T_ϕ l'application de C(X) dans C_o(X) définie par $T_\phi(f) = \phi f$. T_ϕ est linéaire continue de (C(X) ; β) dans (C_o(X); $\| \;\|_\infty$). La transposée T'_ϕ envoie linéairement M(X) dans M(X), et est continue pour les weak-* topologies associées. Si B est la boule unité de M(X), $T'_\phi(B) = \{\phi\nu$ pour $\|\nu\| \leqslant 1\}$ n'est autre que V_ϕ^o. L'inclusion $T'_\phi(B) \subset V_\phi^o$ est en effet évidente. Pour l'autre inclusion, on a affaire à un problème de prolongement. On emploie une technique tout à fait analogue à celle du (2) page 02.

THÉORÈME 1.3. : <u>Soit H⊂M(X). ON a l'équivalence</u> :

H β-équicontinu $\Longleftrightarrow$ $\begin{cases} \text{(1) H uniformément borné.} \\ \text{(2) } \forall \varepsilon > 0 \;\exists K \text{ compact} \subset X \text{ tel que :} \\ \mu \in H \Longrightarrow |\mu|(X - K) \leqslant \varepsilon. \end{cases}$

Ce théorème a un aspect très classique. Dans le sens direct, on utilise le théorème 1.2. Réciproquement, on remarque que, sous ces hypothèses (en s'inspirant de la démonstration du lemme 1.1.), il existe ϕ dans C_o^+(X) et X'⊂X tels que toute mesure μ de H soit portée par X' avec : $\left|\int_{X'} \frac{1}{\phi}\, d\mu\right|$ borné en μ. Ceci assure que H est β-équicontinu.

La topologie forte sur M(X) est la même si l'on considère M(X) comme le dual de C_o(X), ou comme le dual de (C(X) ; β), c'est-à-dire au sens du bidual :

$$(C_o(X))'' = (C(X); \beta)''$$

Par exemple, si X = $\mathbb{N}$ est muni de la topologie discrète, on a :

$$C(X) = l^\infty(\mathbb{N} ; \mathbb{C}) = l^\infty$$
$$M(X) = l^1(\mathbb{N} ; \mathbb{C}) = l^1.$$

Donc : $(l^{\infty}\,;\,\beta\,)'' = (l_o)'' = (l^1)' = l^{\infty}$.

Autrement dit l^{∞} muni de la topologie β est semi-réflexif et la β-weak-* topologie de $l^1 = M(\mathbb{N})$ est alors la topologie faible $\sigma(l^1, l^{\infty})$.

On a alors le :

THÉORÈME 1.4. : Soit $H \subset l^1$. On a l'équivalence :
H β-équicontinu $\Longleftrightarrow$ H β-weak-* séquentiellement compact.

(Il est évident que cette formulation est très lourde : la deuxième partie de l'équivalence signifie en effet que toute suite de H a un point β-weak-* adhérent; autrement dit un point adhérent faible, donc fort, en d'autres termes donc : que M est en $\| \ \|_1$-séquentiellement compact, soit en définitive relativement compact en norme $\| \ \|_1$. Toutefois cette formulation sera utile pour le théorème suivant).

Démonstration. (a) Soit $H \subset l^1$ β-équicontinu et μ_n une suite dans H. La propriété (1) du théorème 1.3. assure alors que, par un procédé diagonal, on peut extraire de la suite μ_n, une suite $\mu_{\alpha(n)}$ simplement convergente vers une application μ de $\mathbb{N}$ dans $\mathbb{C}$. La propriété (2) du même théorème assure que μ est dans l^1 et que $\mu_{\alpha(n)}$ converge faiblement vers μ.

(b) On a vu que si H est β-weak-* séquentiellement compact dans l^1, H est borné en norme $\| \ \|_1$. Si l'on nie alors la propriété (2) du théorème 1.3., on construit aisément une suite de l^1 faiblement convergente, qui ne converge pas en $\| \ \|_1$; ce qui, on le sait, est impossible. On conclut grâce au théorème 1.3.

Nous pouvons maintenant démontrer que :

THÉORÈME 1.5. : Si X est paracompact et si $H \subset M(X)$ est β-weak-* séquentiellement compact, alors H est β-équicontinu.

[Rappelons que X est toujours localement compact. Le théorème est donc vrai pour un espace topologique localement compact dénombrable à l'infini, ou encore pour un groupe topologique localement compact].

COROLLAIRE 1.1. : Si X est paracompact, $(C(X);\beta)$ est un espace de Mackey.

[Le théorème entraîne immédiatement le corollaire : tout disqué faiblement compact est alors équicontinu].

Démonstration. On utilise encore le théorème 1.3.

Si $H \subset M(X)$ est β-weak-* séquentiellement compact, alors certainement H en vérifie la propriété (1), grâce à BANACH-STEINHAUS.

Pour prouver la propriété (2), on raisonne par l'absurde, en supposant que X est localement compact dénombrable à l'infini [on en déduit le cas général par somme topologique] . Prenons donc D_n une suite exhaustive de compacts dans X. Je dis qu'on peut trouver $\varepsilon > 0$, d'une part, d'autre part des suites μ_n, ϕ_n, K_n, U_n satisfaisant à :

(a) K_n compact $\subset X$; U_n ouvert relativement compact tel que

$$\bar{U}_n \cap K_n = \emptyset \qquad \text{et} \qquad D_n \cup K_n \cup \bar{U}_n \subset \overset{\circ}{K}_{n+1}$$

(b) $\mu_n \in H$; $\qquad |\mu_n| \ (U_n) > \frac{\varepsilon}{4}$.

(c) $\phi_n \in \mathcal{K}(X)$ à support dans U_n ; $\|\phi\|_n = 1$;

$$|\mu_n| \ (U_n) < \left| \int \phi_n \ d\mu_n \right| + \frac{\varepsilon}{8}$$

[La condition (c) est toujours réalisable, pour n fixé, moyennant les autres ; pour (a) et (b) la construction se fait par récurrence , sous l'hypothèse du raisonnement par l'absurde] .

Il est clair qu'alors $X = \bigcup_n \overset{\circ}{K}_n$ et que $\bigcup_n S\phi_n$ est fermé dans X ($S\phi_n$ est le support de ϕ_n). Ces supports étant disjoints et s'éloignant à l'infini, si l'on prend $y \in l^\infty$, et si l'on pose $f_y(x) = \sum_0^\infty y_n \phi_n(x)$, cette série converge , et définit [pour y fixé] un élément f_y de C(X). Notons T l'application de l^∞ dans C(X) définie par $T(y) = f_y$. <u>T est une isométrie linéaire, mieux : T est continue de $(l^\infty ; \beta_1)$ dans $(C(X) ; \beta)$</u> (on le vérifie en O). Donc la transposée T' qui envoie M(X) dans l^1 est continue pour les topologies weak-* . Il suffit alors de remarquer que , si $\mu \in H$, $T'(\mu)(m) = \int \phi_m \ d\mu$, et d'appliquer cela à la suite (μ_n) du (b) pour aboutir à une contradiction.

Donnons enfin un contre-exemple :

THÉORÈME 1.6. : <u>Soit X_o l'ensemble des ordinaux dénombrables muni de la topologie de l'ordre . X_o est localement compact, non paracompact, et $(C(X_o) ; \beta)$ n'est pas un espace de Mackey.</u>

[Autrement dit, la condition de paracompacité de X est une "bonne" condition pour résoudre le problème de BUCK].

Rappelons les propriétés suivantes, qui sont immédiates :

(1) X_o est bien ordonné

(2) X_o n'est pas dénombrable

(3) Tout segment de X_o est dénombrable.

(4) X_o n'a pas de plus grand élément.

Rappelons aussi qu'un ordinal a est dit <u>ordinal limite</u> s'il n'a pas de prédécesseur, autrement dit s'il n'y a pas d'ordinal b tel que a soit le plus petit ordinal strictement plus grand que b.

Ces remarques prouvent que, pour tout a dans X_o, il existe b dans X_o, ordinal limite, strictement supérieur à a .

On sait par ailleurs que tout ensemble bien ordonné muni de la topologie de l'ordre est localement compact. X_o est connexe, donc n'est pas paracompact (propriétés (2) et (3)). Enfin la topologie β n'est pas la topologie τ $(C(X_o); M(X_o))$:

Prenons en effet l'enveloppe disquée β-weak-* fermée H des mesures $\delta_x - \delta_{x+1}$ où x est un ordinal limite dans X_o et où x+1 désigne le successeur de x. Nous constatons alors que H n'est pas β-équicontinu, sinon il y aurait certainement un segment K tel que $\mu \in H \Longrightarrow |\mu| (X_o - K) \leqslant 1$. Ce qui est impossible, puisque $X_o - K$ contient un ordinal limite x, donc aussi son successeur , avec $|\delta_x - \delta_{x+1}| (X_o - K) = 2$. Pourtant <u>H est β-weak-* compact</u>, car β-weak-* fermé dans une boule de $M(X_o)$. Or de <u>façon générale,</u> toute boule de M(X) est β-weak-* relativement compacte (ultrafitre...). Ces deux remarques permettent de conclure.

2. - <u>Les sous-espaces de $(l^\infty; \beta)$. Etude de $(H^\infty; \beta)$.</u>

DÉFINITION : E espace vectoriel topologique est dit <u>"de Mackey fort"</u> si tout weak-* compact de E' (<u>non nécessairement disqué</u>) est équicontinu.

<u>Remarques</u> : 1) Tout espace de Mackey fort est un espace de Mackey.

2) Le théorème 1.5. du paragraphe 1 dit en fait que, si X est paracompact, alors $(C(X) ; \beta)$ est de Mackey fort.

Deux problèmes se posent alors :

(1) Caractériser les sous-espaces de $(C(X) ; \beta)$ qui sont de Mackey ou de Mackey fort, quand on les munit de la topologie induite;

(2) trouver une condition nécessaire sur X pour que $(C(X) ; \beta)$ soit de Mackey ou de Mackey fort.

(2) reste, à ma connaissance, ouvert. Nous nous intéressons au problème (1), en supposant immédiatement X paracompact. Ce problème est difficile pour les raisons suivantes :

Soit E un sous-espace vectoriel de C(X) et i l'injection canonique de (E ; β) dans (C(X); β) ; sa transposée i' envoie M(X) dans E'_β, continûment pour les topologies faibles. On a alors l'équivalence :

$$H \subset E'_\beta \text{ -équicontinu} \iff \text{Il existe } H_1 \subset M(X) \ \beta\text{-équicontinu tel que } i'(H_1) = H.$$

Donc, si (C(X); β) est un Mackey et si $H \subset E'_\beta$ est un disqué β-weak-* compact, pour que H soit β-équicontinu, il faut et il suffit qu'il existe $H_1 \subset M(X)$, disqué, β-weak-* compact tel que $i'(H_1) = H$.

Or E'_β muni de la topologie β-weak-* est isomorphe (espace vectoriel topologique) à un quotient de M(X). Mais en fait toutes ces remarques ne suffisent pas à résoudre le problème posé, car la topologie β-weak-* est difficile à manipuler, sauf dans le cas X = $\mathbb{N}$, où l'on a la topologie faible classique $\sigma(l^1, l^\infty)$.

Le cas de $(l^\infty ; \beta)$.

$(l^\infty ; \beta)$ est un Mackey fort (théorème 1.4.). Soit E un sous-espace β-fermé de l^∞.

Remarquons d'abord que E est fermé en $\| \ \|_\infty$ dans l^∞, donc c'est un Banach ; E est aussi β-complet. De plus : $(l^\infty ; \beta)$ est séparable (bien que $(l^\infty ; \| \ \|_\infty)$ ne le soit pas) (on approche un élément de l^∞ par des suites à support compact). Nous pouvons maintenant démontrer le :

THÉORÈME 2.1. : Soit E un sous-espace β-fermé de l^∞.
Alors : E_β est semi-réflexif et : E'_β fort est un Banach.
[Par suite, la β-weak-* topologie de E'_β est exactement sa topologie faible en tant que Banach].

Démonstration.

On voit immédiatement d'où provient la deuxième assertion : la topologie forte de E'_β est la trace sur E'_β de la topologie du Banach $(E ; \| \ \|_\infty)'$. Avec les mêmes notations que page 5-06, E'_β fort est isomorphe espace vectoriel topologique au quotient du Banach l^1 per Ker i', ce noyau étant trivialement fermé dans l^1. E'_β fort est donc bien un Banach.

Le bidual E''_β apparaît comme l'ensemble des éléments de l^∞ nuls sur ker i'. Il est donc $\sigma(l^\infty ; l^1)$: fermé dans l^∞, donc β-fermé dans l^∞ (puisque β est plus fine que $\sigma(l^\infty ; l^1)$), ce qui assure : $E = E''_\beta$.

THÉORÈME 2.2. : <u>$H \subset E'_\beta$ β-équicontinu $\Longleftrightarrow$ H relativement compact en norme.</u>

<u>Démonstration</u>. Si $H \subset E'_\beta$ est β-équicontinu, on a : $H = i'(H_1)$ avec $H_1 \subset l^1$ β-équicontinu, ou relativement compact en $\| \ \|_1$ (théorème 1.4.) H est donc relativement compact en norme dans E'_β .

Réciproquement, soit H compact dans E'_β fort. Pour prouver l'assertion, il suffit qu'il existe H_1 compact dans l^1 en $\| \ \|_1$, tel que $i'(H_1) = H$. Ceci est exact, d'après un théorème beaucoup plus général de [7] .

THÉORÈME 2.3. : <u>Soit E un sous-espace β-fermé de l^∞.</u>
<u>Les propositions suivantes sont équivalentes</u> :

(1) <u>(E, β) est de Mackey</u>

(2) <u>(E, β) est de Mackey fort.</u>

(3) <u>Tout β-weak-* compact de E'_β est compact en norme</u>

(4) <u>Toute suite β-weak-* convergente dans E'_β est convergente en norme.</u>

[Ce théorème généralise les deux propriétés suivantes : (l^∞, β) est de Mackey (fort) ; dans l^1, la convergence faible et la convergence forte des suites sont les mêmes] .

<u>Démonstration</u>. Les implications se démontrent (avec l'aide du théorème 2.2.) facilement. Indiquons seulement : (1) $\Longrightarrow$ (4) .

Si μ_n tend vers μ faiblement dans E'_β , par BANACH-STEINHAUS, l'enveloppe disquée β-weak-* fermée de l'ensemble des (μ_n, μ) est contenue dans une boule fermée de E'_β , qui est β-weak-* compacte (ultrafiltre..). Par hypothèse cette boule est β-équicontinue, donc relativement compacte en norme (théorème 2.2.), donc compacte en norme, et il est alors évident que μ_n tend vers μ en norme.

<u>Le cas de $(H^\infty; \beta)$.</u>

Soit D le disque unité ouvert de $\mathbb{C}$, et H^∞ l'espace des fonctions analytiques bornées dans D. Rappelons ([3] ou [4] et [5]) les résultats suivants :

THÉORÈME 2.4. : <u>Soit $A \subset H^\infty$. On a l'équivalence.</u>
<u>A β-compact $\Longleftrightarrow$ A borné et β-fermé.</u>

COROLLAIRE 2.1. : La boule unité (fermée) de H^∞ est β-compacte . (Elle est manifestement β-fermée).

THÉORÈME 2.5. : Il existe un ensemble dominant dénombrable sans point d'accumulation dans D.

(Cela signifie qu'il existe une suite a_n de points de D, suite sans point d'accumulation dans D et telle que : $f \in H^\infty \Longrightarrow \|f\|_\infty = \sup_n |f(a_n)|$).

Avec ces notations, on a une isométrie naturelle T de H^∞ dans l^∞ définie par $T(f)(n) = f(a_n)$. Soit $E = T(H^\infty)$. On a les résultats suivants :

(a) E est $\sigma(l^\infty; l^1)$ fermé dans l^∞ (en particulier β-fermé) ([3] ou [5]).

(b) T est continue pour les topologies β .

(En effet a_n étant sans point d'accumulation dans D, on peut, étant donné b dans l_o, trouver $g \in C_o(D)$ telle que $g(a_n) = b_n$) .

THÉORÈME 2.6. : Soit I une forme linéaire sur H^∞, qui est β-continue sur la boule unité de H^∞. Alors $I \in (H^\infty; \beta)'$.

Démonstration. Comme la boule unité U de H^∞ est β-compacte , V = T(U) qui est la boule unité de (E ; $\| \ \|_\infty$) est β-compacte dans l^∞.

Considérons $E \xrightarrow{T^{-1}} H^\infty \xrightarrow{I} \mathbb{C}$ $\quad J = I \circ T^{-1}$

J est une forme linéaire sur E, qui est β-fermé dans l^∞, et J est β-continue sur la boule unité de E (T est bien un β-homéomorphisme entre U et V à cause de la compacité). Je dis qu'alors :

$$J \in E'_\beta$$

En effet, dans la même situation avec $E = l^\infty$, une telle forme J est bien dans $l^1 = (l^\infty; \beta)'$ (on utilise le fait que $(l^\infty; \beta)$ est séparable) . Pour s'y ramener, on prolonge $J \in E^*$ convenable, en une forme linéaire sur l^∞, β-continue sur la boule unité de l^∞.

On constate alors que : $I = T'(J)$, donc $I \in (H^\infty; \beta)'$

Ce théorème permet très commodément de transporter des théorèmes relatifs à E, en des théorèmes relatifs à H^∞. En particulier T' application de $(E_\beta)'$ dans $(H^\infty; \beta)'$ est un isomorphisme d'espace vectoriel topologique pour les topologies fortes. D'où le :

COROLLAIRE 2.2. : $(H^\infty;\beta)'$ fort est un Banach, de dual H^∞.

On a encore :

THÉORÈME 2.7. : $I \in (H^\infty;\beta)' \Longleftrightarrow \exists g \in L^1(-\pi;\pi)$ telle que $I(f)=\frac{1}{2\pi}\int_{-\pi}^{\pi} f(e^{i\theta})g(\theta)d\theta$ pour f dans H^∞.

THÉORÈME 2.8. : Soit $H \subset (H^\infty;\beta)'$. On a l'équivalence :
H β-équicontinu $\Longleftrightarrow$ H relativement compact en norme.

THÉORÈME 2.9. : Soient I_n et I dans $(H^\infty;\beta)'$. Alors :

$$I_n \longrightarrow I \text{ en norme lorsque } n \to +\infty \Longleftrightarrow \begin{cases} (1) & I_n \longrightarrow I \quad \beta\text{-weak-}* \\ (2) & \{I_n\} \ \beta\text{-équicontinu.} \end{cases}$$

[La démonstration est très simple à l'aide du théorème 2.8.]

Enfin le théorème 2.10 résoud un des problèmes ouverts posés dans [3] .

THÉORÈME 2.10. $(H^\infty;\beta)$ n'est pas de Mackey.

Démonstration. Il suffit de prouver que $(H^\infty;\beta)$ n'est pas un Mackey fort. En transportant le théorème 2.3., il suffit de trouver une partie β-weak-* compacte de $(H^\infty;\beta)'$ qui ne soit pas β-équicontinue, ce qui est possible en exhibant une suite β-weak-* convergente et non convergente en norme d'après le théorème 2.9.

On prend $I_n(f) = \hat{f}(n) = \frac{1}{2\pi}\int_{-\pi}^{\pi} f(e^{i\theta})\, e^{-in\theta}d\theta$ les coefficients de Fourier pour f dans H^∞. D'après le théorème 2.7., $I_n \in (H^\infty;\beta)'$. D'après le théorème de RIEMANN-LEBESGUE, $I_n \longrightarrow I = 0$ β-weak-* . Pourtant : $\|I_n\| = 1 \quad \forall n$. Ainsi Ainsi donc , $\{I_n\} \cup \{0\}$ est β-weak-* compact, et n'est pas β-équicontinu.

BIBLIOGRAPHIE

[1] CONWAY (J.). - The strict topology and compactness in the space of measures. Bull. of Amer. Math. Society, 1966, p. 75-78.

[2] CONWAY (J.). - Subspaces of $(C(S);\beta)$, the space $(l^{\infty};\beta)$ and $(H^{\infty};\beta)$. Bull. of Amer. Math. Society, 1966, p. 79-81.

[3] RUBEL (L.-A.) and SHIELDS (A.-L.). - The space of bounded analytic functions on a region. Ann. Inst. Fourier, Grenoble, t. 16, 1966, fasc. 1, p. 235-277.

[4] SAINT-LOUP (B.). - Fonctions analytiques dans un ouvert connexe du plan I. Séminaire Choquet : Initiation à l'Analyse, 6e année, 1966/1967, n° 15, 10 pages.

[5] EXBRAYAT (J.-M.). - Fonctions analytiques dans un ouvert connexe du plan II. Séminaire Choquet : Initiation à l'Analyse, 6e année, 1966/1968, n° 16, 15 pag

[6] RUBEL (L.-A.). - Croissance et zéros des fonctions méromorphes. Espaces duals de fonctions entières - Secrétariat de Mathématiques (Orsay), 1966.

[7] BOURBAKI (N.). - Topologie générale, Chapitre 9. Paris, Hermann, 1958.

Séminaire P.LELONG
(Analyse)
8e année, 1967/68. 17 Janvier 1968

ESPACES DE FONCTIONS ENTIÈRES ET FONCTIONNELLES ANALYTIQUES

par Claude S E R V I E N

I. - Espace des types $(\mathcal{P})$ et $(\mathcal{P}_S)$.

1. - Définition.

C_o est l'espace des fonctions définies sur $\mathbb{C}^n$ à valeurs complexes, continues et qui tendent vers 0 quand $\|z\| \to +\infty$.

2. - Ensemble de poids.

L désigne un sous-ensemble de l'ensemble des fonctions plurisousharmoniques continues qui tendent vers $+\infty$ quand $\|z\| \to +\infty$, et qui satisfait aux conditions suivantes :

(L_1) Pour toute constante réelle a, et pour toute fonction V de L, a + V appartient à L.

(L_2) Si V_1 et V_2 appartiennent à L, alors $\sup(V_1, V_2) \in L$.

(L_3) Pour tout $a = (a_1, \ldots, a_n) \neq 0$ de $\mathbb{R}^n_+$, la fonction $t \to V(a_1 t_1, \ldots, a_n t_n)$ appartient à L.

(L_4) Pour tout b de $\mathbb{C}^n$, $V(t) - \mathrm{Re} \langle b, t \rangle \to +\infty$ avec $\|t\|$.

Un sous-ensemble K de C_o, formé des fonctions réelles positives est un ensemble de poids s'il satisfait aux conditions suivantes.

(K_1) Pour toute constante positive a, et pour toute fonction k de K, $a.k \in K$.

(K_2) Si k_1 et k_2 appartiennent à K, alors $\sup(k_1, k_2) \in K$.

(K_3) Pour tout $a \neq 0$ de $\mathbb{R}^n$, la fonction $t \to k(at) \in K$.

(K_4) Pour tout b de $\mathbb{C}^n$, $k(t)\exp \langle b, t \rangle$ appartient à C_o.

On voit que si H désigne l'ensemble des fonctions $\exp(-V)$ où V parcourt L, H est un ensemble de poids.

3. - Définition et propriétés des espaces des types ($\mathcal{S}$) et ($\mathcal{S}_S$).

On appelle E(K) l'espace des fonctions entières f de n variables telles que k.f. appartiennent à C_o pour toute fonction k de K.

On note E(L) (au lieu de E(H)) l'espace des fonctions entières f telles que $f(z)\exp(-V(z)) \to 0$ quand $\|z\| \to +\infty$, pour toute fonction V de L.

On dit qu'un ensemble de fonctions entières est du type ($\mathcal{S}$) s'il peut être défini comme un espace de fonctions entières avec poids, c'est-à-dire comme un espace E(K) avec une classe K particulière.

Si la classe K est obtenue à partir de fonctions plurisousharmoniques, on dira que l'espace est du type ($\mathcal{S}_S$), c'est-à-dire un espace E(L).

Un espace du type ($\mathcal{S}_S$) est du type ($\mathcal{S}$), la réciproque est fausse.

4. - Propriétés topologiques.

On munit E(L) de la topologie localement convexe séparée définie par la famille de normes

$$\|f\|_V = \sup_{\mathbb{C}^n} |f(z)\exp(-V(z))| \quad \text{où V parcourt L .}$$

E(L) est alors un espace localement convexe complet, dont les parties bornées sont relativement compactes.

(voir [7] pour les démonstrations) .

On appellera M le dual de C_o , formé des mesures bornées.

II. - Espaces du type $(\mathcal{S}'_S)$.

1. - Définitions et propriétés.

1.1. On dira qu'un espace de fonctions entières est du type $(\mathcal{S}'_S)$ (resp. $(\mathcal{S}')$) s'il est isomorphe au dual d'un espace du type $(\mathcal{S}_S)$ (resp. $(\mathcal{S})$).

On justifiera cette définition un peu plus loin.

1.2. Une réunion finie d'espaces du type $(\mathcal{S}'_S)$ est encore de ce type. Cette propriété résulte de I.3.5. ; en effet, il existe par définition , L_1 et L_2 tel que

$E_1 = E(L_1)'$ et $E_2 = E(L_2)'$ soient du type $(\mathcal{S}'_S)$,

$E_1 \cup E_2 = [E(L_1) \cap E(L_2)]'$ et les espaces du type $(\mathcal{S}_S)$ sont stables par intersection finie, donc $E_1 \cup E_2$ est le dual d'un espace du type $(\mathcal{S}_S)$.

Par contre, l'intersection de deux espaces du type $(\mathcal{S}'_S)$ n'est pas nécessairement de ce type, ce qui résulte aussi de I.3.5.

On a les mêmes propriétés pour les espaces du type $(\mathcal{S})$.

1.3. On appelle M(L) le sous-espace de M défini comme suit :

$$M(L) = \left\{ \nu = \mu \ \exp(-V) \quad \text{avec } V \in L, \ \ \mu \in M \right\} ,$$

c'est donc l'espace des mesures ν de la forme $\nu(z) = \mu(z) \exp(-V(z))$.

1.4. On appelle $\hat{M}(L)$ l'espace des transformées de LAPLACE $\hat{\nu}$ des mesures ν définies par

$$\hat{\nu}(z) = \int \exp(\langle z , t \rangle - V(t)) \, d\mu(t) = \int \exp \langle z, t \rangle \, d\nu(t)$$

ce sont des fonctions entières de z (voir [2] chapitre IV, § 5) et l'on a

$$D_p \ \hat{\nu}(z) = \int t_1^{p_1} \ \dots \ t_n^{p_n} \exp \langle z, t \rangle \ d\nu(t) \ .$$

1.5. Fonctionnelles analytiques.

Définition : On appelle fonctionnelle analytique sur un ouvert Ω de $\mathbb{C}^n$ toute forme linéaire continue sur l'espace vectoriel topologique $A(\Omega)$ des fonctions analytiques dans Ω, muni de sa topologie de FRÉCHET.

Théorème : Soit T une fonctionnelle analytique ; il existe une mesure μ à support compact dans Ω telle que $\forall f \in A(\Omega)$, on ait $\mu(f) = T(f)$.

On se reportera à [5] pour la démonstration.

On utilisera par la suite cette représentation des fonctionnelles analytiques.

1.6. Soit $N = \left\{ \nu \in M(L) \; ; \; \int f \, d\nu = 0 \text{ pour toute fonction } f \text{ de } E(L) \right\}$.
On pose $M'(L) = M(L)/N$. Enfin $C(L)$ désignera l'espace des fonctions continues f à valeurs complexes telles que f $\exp(-V)$ soit dans C_0 pour toute fonction V de L.

E(L) est un sous-espace fermé de C(L) puisqu'il est complet.

D'autre part M(L) est le dual de C(L), et M'(L) celui de E(L).

On va montrer que $\hat{M}(L)$ représente le dual de E(L) en prouvant d'une part qu'il y a une bijection entre M'(L) et $\hat{M}(L)$, et en définissant d'autre part la dualité entre $\hat{M}(L)$ et E(L).

2. Théorème : Soient f appartenant à E(L),

$f(z) = \sum a_{\alpha_1 \dots \alpha_n} z_1^{\alpha_1} \dots z_n^{\alpha_n}$, et $\hat{\nu}$ appartenant à $\hat{M}(L)$,

$\hat{\nu}(z) = \sum A_{\alpha_1 \dots \alpha_n} z_1^{\alpha_1} \dots z_n^{\alpha_n}$; $\hat{M}(L)$ représente le dual de E(L),

la dualité entre E(L) et $\hat{M}(L)$ étant définie par

$$\langle f, \hat{\nu} \rangle = \int f(t) \, d\nu(t) = \sum_{0}^{\infty} \alpha_1! \dots \alpha_n! \, a_{\alpha_1 \dots \alpha_n} A_{\alpha_1 \dots \alpha_n} .$$

la série étant absolument convergente.

Montrons qu'il y a une bijection entre M'(L) et $\hat{M}(L)$. Soit μ appartenant à M'(L) ; par définition de M'(L), μ est une classe d'équivalence, c'est-à-dire $\mu = \left\{ \nu \in M(L) \ ; \ \mu - \nu \in N \right\}$. Il faut donc montrer que $\mu - \nu$ appartient à N si et seulement si $\hat{\mu} = \hat{\nu}$.

Si $\mu - \nu$ appartient à N, on a $\int f d\mu = \int f d\nu$ pour toute fonction f de E(L) ; or E(L) contient les exponentielles, donc en prenant pour fonction f une exponentielle, on en déduit que $\hat{\mu} = \hat{\nu}$.

Réciproquement si $\hat{\nu} = 0$, soit $\hat{\nu}(z) = \int \exp \langle z, t \rangle d\nu(t) = 0$, on aura $D_p \hat{\nu}(z) = 0$ pour tout $p = (p_1, \ldots, p_n)$, en particulier $D_p \hat{\nu}(0) = \int t_1^{p_1} \ldots t_n^{p_n} d\nu(t) = 0$. Comme les polynômes sont denses dans E(L) d'après I.4.2., on en déduit que $\int f d\nu = 0$ et ν appartient à N.

On définit alors la dualité par

$$\langle f, \hat{\nu} \rangle = \int f(t) d\nu(t) = \sum_{o}^{\infty} a_{\alpha_1 \ldots \alpha_n} \langle t_1^{\alpha_1} \ldots t_n^{\alpha_n}, \hat{\nu} \rangle$$

$$= \sum_{o}^{\infty} a_{\alpha_1 \ldots \alpha_n} D_\alpha \hat{\nu}(0) = \sum_{o}^{\infty} \alpha_1! \ldots \alpha_n! \, a_{\alpha_1 \ldots \alpha_n} \cdot A_{\alpha_1 \ldots \alpha_n}$$

La convergence absolue résulte de ce que la fonction définie par $\sum a_{\alpha_1 \ldots \alpha_n} \exp i(\theta_{\alpha_1} + \ldots + \theta_{\alpha_n}) z_1^{\alpha_1} \ldots z_n^{\alpha_n}$ est dans E(L) dès que $\sum a_{\alpha_1 \ldots \alpha_n} z_1^{\alpha_1} \ldots z_n^{\alpha_n}$; y est, pour toute suite (θ_α).

Corollaire : Les sommes finies d'exponentielles forment un sous-espace dense de E(L).

On est donc passé de l'espace E(L) à l'espace dual formé de fonctionnelles analytiques que l'on représente classiquement par des mesures. Mais l'isomorphisme précédent permet de représenter ces fonctionnelles analytiques par des fonctions entières. Ainsi le dual d'un espace de fonctions entières est encore un espace de fonctions entières, la dualité ayant été définie dans l'énoncé du théorème.

On va caractériser ces fonctions entières, ce qui donnera des propriétés des espaces du type $(\mathcal{S}'_S)$.

3. Proposition : Soit $F(z) = \sum b_{\alpha_1 \ldots \alpha_n} z_1^{\alpha_1} \ldots z_n^{\alpha_n}$ une fonction entière. F appartient à $\hat{M}(L)$ si et seulement si il existe une fonction V de L telle que pour tout $\alpha = (\alpha_1, \ldots, \alpha_n)$ on ait

$$\alpha_1! \ldots \alpha_n! \left| b_{\alpha_1 \ldots \alpha_n} \right| \leqslant \sup_{\mathbb{C}^n} \left| t_1^{\alpha_1} \ldots t_n^{\alpha_n} \exp(-V(t)) \right|$$

Montrons que la condition est nécessaire.

Soit $F = \hat{\nu}$ appartenant à $\hat{M}(L)$; on a $\nu = \mu \exp(-V)$; on peut supposer que $\|\mu\| \leqslant 1$

$$|\alpha_1! \ldots \alpha_n! \, b_{\alpha_1 \ldots \alpha_n}| = |D_\alpha \hat{\nu}(0)| \leqslant \int \left| t_1^{\alpha_1} \ldots t_n^{\alpha_n} \right| \exp(-V(t)) d\mu(t)$$
$$\leqslant \sup_{\mathbb{C}^n} \left| t_1^{\alpha_1} \ldots t_n^{\alpha_n} \exp(-V(t)) \right| \|\mu\|$$

Montrons que la condition est suffisante, on peut partir d'une inégalité un peu modifiée en changeant de fonction V, ce qui est faisable d'après (L_1) et (L_3). On suppose donc qu'il existe V telle que

$$\alpha_1! \ldots \alpha_n! \left| b_{\alpha_1 \ldots \alpha_n} \right| \leqslant 2^{-|\alpha| - n} \sup_{\mathbb{C}^n} \left| t_1^{\alpha_1} \ldots t_n^{\alpha_n} \exp(-V(t)) \right|$$

soit t^o un point où le sup est atteint. Soit μ_α la mesure portée par

$$\Gamma_\alpha = \left\{ t \in \mathbb{C}^n \; ; \; |t_j| = t_j^o \quad j = 1, \ldots, n \right\} \text{ et définie par}$$

$$\mu_\alpha(t) = (2 i\pi)^{-n} \alpha_1! \ldots \alpha_n! \, b_{\alpha_1 \ldots \alpha_n} t_1^{-(\alpha_1+1)} \ldots t_n^{-(\alpha_n+1)} \exp(-V(t)) dt_1 \ldots dt_n$$

On pose $\mu = \sum_0^\infty \mu_\alpha$ et $\nu = \mu \cdot \exp(-V)$.

Comme
$$\sum_{\alpha_1 \ldots \alpha_n = 0}^{\infty} \alpha_1! \ldots \alpha_n! \, b_{\alpha_1 \ldots \alpha_n} (t_1^o)^{\alpha_1} \ldots (t_n^o)^{\alpha_n} \exp(-V(t^o)) \leqslant \sum_0^\infty 2^{-|\alpha|-n} = 1,$$

μ est une mesure bornée et définit donc un élément $\hat{\nu}$ de $\hat{M}(L)$. On a

$$D_\alpha \hat{\nu}(o) = \int t_1^{\alpha_1} \ldots t_n^{\alpha_n} \, d\nu(t) = \sum_{p_1 \ldots p_n = o}^{\infty} p_1! \ldots p_n! \, (2i\pi)^{-n} b_{\alpha_1 \ldots \alpha_n} \int_\Gamma t_1^{\alpha_1 - p_1 - 1} \ldots t_n^{\alpha_n - p_n - 1} dt_1 \ldots dt_n$$

$$= \alpha_1! \ldots \alpha_n! \, b_{\alpha_1 \ldots \alpha_n} = D_\alpha F(o) \quad \text{, d'où } \hat{\nu} = F.$$

4. <u>Proposition</u> : <u>$\hat{M}(L)$ est une algèbre.</u>

En utilisant la proposition précédente, on va montrer que si F appartient à $\hat{M}(L)$, alors F^2 appartient aussi à $\hat{M}(L)$. Alors de l'identité $2\,F_1\,F_2 = (F_1 + F_2)^2 - (F_1^2 + F_2^2)$ résultera que $F_1\,F_2$ est dans $\hat{M}(L)$ dès que F_1 et F_2 y sont.

Soit $F(z) = \sum b_{\alpha_1 \ldots \alpha_n} z_1^{\alpha_1} \ldots z_n^{\alpha_n}$; on a $F^2(z) = \sum_{o}^{\infty} d_{\alpha_1 \ldots \alpha_n} z_1^{\alpha_1} \ldots z_n^{\alpha_n}$

avec $d_{\alpha_1 \ldots \alpha_n} = \sum_{p_1 \ldots p_n = o}^{\alpha_1 \ldots \alpha_n} b_{p_1 \ldots p_n}\, b_{(\alpha_1 - p_1) \ldots (\alpha_n - p_n)}$

D'après la proposition précédente, il existe une fonction V telle que

$$\ldots p_n \, b_{(\alpha_1 - p_1) \ldots (\alpha_b - p_n)} | \leqslant \sup_{\mathbb{C}^n} \left| t_1^{p_1} \ldots t_n^{p_n} \exp(-V(t)) \right| \sup_{\mathbb{C}^n} \left| t_1^{\alpha_1} \ldots t_n^{\alpha_n - p_n} \exp(-V(t)) \right| / p_1!\,(\alpha_1 - p_1)! \ldots p_n!\,(\alpha_n - p_n),$$

ompte tenu que

$$\sum_{p_1 \ldots p_n = o}^{\alpha_1 \ldots \alpha_n} \alpha_1! \ldots \alpha_n! / p_1!\,(\alpha_1 - p_1)! \ldots p_n!\,(\alpha_n - p_n)! = 2^{|\alpha|},$$

n obtient

$$\sup_{p_j \leqslant \alpha_j} \left| b_{p_1 \ldots p_n}\, b_{(\alpha_1 - p_1) \ldots (\alpha_n - p_n)} \right| \leqslant (2^{|\alpha|} / \alpha_1! \ldots \alpha_n!) \sup_{\substack{o \leqslant p_j \leqslant \alpha_j \\ j = 1, \ldots, n}} \left(\sup_{\mathbb{C}^n} \left| t_1^{p_1} \ldots t_n^{p_n} \exp(-V(t)) \right| \right.$$

$$\left. \sup_{\mathbb{C}^n} \left| t_1^{\alpha_1 - p_1} \ldots t_n^{\alpha_n - p_n} \exp(-V(t)) \right| \right) \leqslant (2^{|\alpha|} / \alpha_1! \ldots \alpha_n!) \sup_{\mathbb{C}^n} \left| t_1^{\alpha_1} \ldots t_n^{\alpha_n} \exp(-2V(t)) \right|$$

ar définition de L, il existe pour $\|t\|$ assez grande une constante réelle a telle ue $a \leqslant V(t)$ d'où $a + V(t) \leqslant 2V(t)$; en posant $A = \exp(-a)$, on en déduit que

$$\sup_{p_j \leqslant \alpha_j} \left| b_{p_1 \ldots p_n}\, b_{(\alpha_1 - p_1) \ldots (\alpha_n - p_n)} \right| \leqslant (A . 2^{|\alpha|} / \alpha_1! \ldots \alpha_n!) \sup_{\mathbb{C}^n} \left| t_1^{\alpha_1} \ldots t_n^{\alpha_n} \exp(-V(t)) \right|$$

$$t \left| d_{\alpha_1 \ldots \alpha_n} \right| \leqslant \left[(\alpha_1 + 1) \ldots (\alpha_n + 1) A\, 2^{|\alpha|} / \alpha_1! \ldots \alpha_n! \right] \sup_{\mathbb{C}^n} \left| t_1^{\alpha_1} \ldots t_n^{\alpha_n} \mathrm{ex}(-V(t)) \right|$$

n peut alors trouver une constante positive $B = \exp(-b)$ telle que $\alpha_1 + 1) \ldots (\alpha_n + 1)\, 2^{|\alpha|} \leqslant B^{|\alpha|}$, ce qui conduit à

$$\alpha_1! \ldots \alpha_n! \left| d_{\alpha_1 \ldots \alpha_n} \right| \leqslant A . B^{|\alpha|} \sup_{\mathbb{C}^n} \left| t_1^{\alpha_1} \ldots t_n^{\alpha_n} \exp(-V(t)) \right|$$

$$\leqslant \sup_{\mathbb{C}^n} \left| t_1^{\alpha_1} \ldots t_n^{\alpha_n} \exp(-V'(t)) \right|$$

pour une fonction V' de L, compte tenu de (L_1) et (L_3).

Ceci prouve d'après la proposition précédente que F^2 appartient à $\hat{M}(L)$.

Corollaire 1 : Si F appartient à $\hat{M}(L)$ et n'a pas de zéros, alors 1/F appartient à $\hat{M}(L)$.

Corollaire 2 : Les espaces du type $(\mathcal{S}'_S)$ sont des algèbres de fonctions entières

5. - Caractérisation des parties équicontinues d'un espace du type $(\mathcal{S}'_S)$

Pour chaque fonction V de L, on définit l'ensemble B_V suivant

$$B_V = \left\{ F \in \hat{M}(L);\ \text{il existe } \mu \in M,\ \|\mu\| \leqslant 1,\ \text{tel que } F(z) = \int \exp(\langle z, t\rangle - V(t))\,d\mu(t) \right\}.$$

5.1. Proposition : B_V est une partie convexe équilibrée de $\hat{M}(L)$, faiblement fermée et faiblement équicontinue, compacte pour la topologie de la convergence ponctuelle sur $\mathbb{C}^n$. Son polaire est défini par

$$B_V^o = \left\{ f \in E(L)\ ;\ \|f\|_V \leqslant 1 \right\}.$$

Il est facile de montrer que B_V est une partie convexe et équilibrée. Caractérisons le polaire de B_V avant d'établir les autres propriétés. Soit f appartenant à E(L) et soit $F = \hat{\nu}$ appartenant à B_V . On a

$\left|\langle f, F\rangle\right| = \left|\int f(t) \exp(-V(t)d\mu(t)\right| \leqslant \left\| f \right\|_V$, donc si $\|f\|_V \leqslant 1$, f appartient au polaire de B_V. Réciproquement, on considère la mesure de Dirac δ_a au point $a = (a_1, \ldots, a_n)$ et F la fonction correspondante ; on a $\langle f , F\rangle = f(a) \exp(-V(a))$, donc si f appartient à B_V^o, nécessairement $\|f\|_V \leqslant 1$.

Puisque B_V^o est un voisinage de O dans E(L), B_V est équicontinu. Sur B_V, la topologie faible est plus fine que la topologie de la convergence ponctuelle sur $\mathbb{C}^n$; pour prouver que B_V est faiblement fermé et compact pour la seconde topologie, il suffit de prouver que B_V est compact pour la topologie de la convergence simple, puisque B_V sera alors faiblement compact, donc faiblement fermé. Fixons z et considérons l'application définie sur M par

$$\mu \longrightarrow \int \exp(\langle z, t\rangle - V(t))\, d\mu(t).$$

Cette application est continue si M est muni de la topologie faible de dual de C_o. L'ensemble $\left\{F(z)\ ;\ F \in B_V\right\}$ est l'image par cette application de la boule unité de M qui est faiblement compacte et B_V est alors compact pour chaque z.

5.2. Proposition : Soit B un ensemble de fonctions entières . Les propriétés suivantes sont équivalentes.

(i) $B \subset \hat{M}(L)$ est équicontinu

(ii) il existe V appartenant à L telle que $B \subset B_V$.

(iii) il existe G appartenant à $\hat{M}(L)$, $G(z) = \sum b_{\alpha_1 \ldots \alpha_n} z_1^{\alpha_1} \ldots z_n^{\alpha_n}$ telle que pour toute F de B, $F(z) = \sum c_{\alpha_1 \ldots \alpha_n} z_1^{\alpha_1} \ldots z_n^{\alpha_n}$, on ait

$$\left| c_{\alpha_1 \ldots \alpha_n} \right| \leqslant b_{\alpha_1 \ldots \alpha_n} \quad \text{pour tout } \alpha = (\alpha_1, \ldots, \alpha_n).$$

i) $\Longrightarrow$ ii)

B est équicontinu, donc son polaire B^o est un voisinage de 0 (voir [3]) , il existe alors une fonction V de L telle que B^o contienne $\left\{ f \ ; \ \|f\|_V \leqslant 1 \right\}$. En posant $B_V^o = \left\{ f \ ; \ \|f\|_V \leqslant 1 \right\}$, on obtient $B \subseteq B^{oo} \subseteq B_V^{oo} = B_V$ car B_V est faiblement fermé, convexe, équilibré d'après 5.1.

ii) $\Longrightarrow$ iii)

Soit F appartenant à B, puisque $B \subset B_V$, il existe une mesure μ de norme $\leqslant 1$, telle que $F(z) = \int \exp(\langle z, t\rangle - V(t)) d\mu(t)$. D'autre part, F est définie par une série entière de coefficients $c_{\alpha_1 \ldots \alpha_n}$, $\left| c_{\alpha_1 \ldots \alpha_n} \right| = \left| D_\alpha F(o) \right| / \alpha_1! \ldots \alpha_n!$

$$= \left| \int t_1^{\alpha_1} \ldots t_n^{\alpha_n} \exp(-V(t)) d\mu(t) \right| / \alpha_1! \ldots \alpha_n!$$

$$\leqslant \sup_{\mathbb{C}^n} \left| t_1^{\alpha_1} \ldots t_n^{\alpha_n} \exp(-V(t)) \right| / \alpha_1! \ldots \alpha_n!$$

il suffit alors de poser $b_{\alpha_1 \ldots \alpha_n} = \sup_{\mathbb{C}^n} \left| t_1^{\alpha_1} \ldots t_n^{\alpha_n} \exp(-V(t)) \right| / \alpha_1! \ldots \alpha_n!$

la fonction $G(z) = \sum b_{\alpha_1 \ldots \alpha_n} z_1^{\alpha_1} \ldots z_n^{\alpha_n}$ a la propriété voulue et appartient à $\hat{M}(L)$ d'après 3.

iii) $\Longrightarrow$ i)

Si $G(z) = \sum_{o}^{\infty} b_{\alpha_1 \ldots \alpha_n} z_1^{\alpha_1} \ldots z_n^{\alpha_n}$ appartient à $\hat{M}(L)$, il existe une fonction V de L telle que $\left| b_{\alpha_1 \ldots \alpha_n} \right| \leqslant \sup_{\mathbb{C}^n} \left| t_1^{\alpha_1} \ldots t_n^{\alpha_n} \exp(-V(t)) \right| / \alpha_1! \ldots \alpha_n!$

Soit V' la fonction de L définie par $V'(t) = V(t/2) - n \log 2$ (cette fonction appartient à L, d'après (L_1) et (L_3)) .

Soit f appartenant à E(L) avec $f(z) = \sum a_{\alpha_1 \dots \alpha_n} z_1^{\alpha_1} \dots z_n^{\alpha_n}$ et $\|f\|_{V'} \leq 1$

Si $F(z) = \sum c_{\alpha_1 \dots \alpha_n} z_1^{\alpha_1} \dots z_n^{\alpha_n}$ appartient à B, on a

$$|\langle f , F \rangle| = \left| \sum_0^\infty \alpha_1! \dots \alpha_n! \, a_{\alpha_1 \dots \alpha_n} \, c_{\alpha_1 \dots \alpha_n} \right|$$

$$\leq \sum \alpha_1! \dots \alpha_n! \, |a_{\alpha_1 \dots \alpha_n}| \, |c_{\alpha_1 \dots \alpha_n}|$$

$$\leq \sum \alpha_1! \dots \alpha_n! \, |a_{\alpha_1 \dots \alpha_n} \, b_{\alpha_1 \dots \alpha_n}|$$

et

$$\alpha_1! \dots \alpha_n! \, |a_{\alpha_1 \dots \alpha_n}| . |b_{\alpha_1 \dots \alpha_n}| \leq \operatorname{Inf}_{\mathbb{C}^n} \left(|f(t)| \, / \, |t_1^{\alpha_1} \dots t_n^{\alpha_n}| \right) \sup_{\mathbb{C}^n} \left| t_1^{\alpha_1} \dots t_n^{\alpha_n} \exp(-V(t)) \right|$$

$$\leq \operatorname{Inf}_{\mathbb{C}^n} \left(|f(t)| \, / \, |t_1^{\alpha_1} \dots t_n^{\alpha_n}| \right) \sup_{\mathbb{C}^n} \left| t_1^{\alpha_1} \dots t_n^{\alpha_n} \exp(-V'(t)) \right| / 2$$

$$\leq 2^{-|\alpha|-n} \sup_{\mathbb{C}^n} \left(|f(t)| \, / \, |t_1^{\alpha_1} \dots t_n^{\alpha_n}| \right) \left(|t_1^{\alpha_1} \dots t_n^{\alpha_n} \exp(-V'(t))| \right)$$

$$\leq 2^{-|\alpha|-n} \|f\|_{V'} \leq 2^{-|\alpha|-n}$$

donc $|\langle f, F \rangle| \leq 1$ et f appartient au polaire de B.

<u>5.3. Proposition</u> : <u>Le produit $B_1 . B_2$ de deux ensembles équicontinus B_1 et B_2 de $\hat{M}(L)$ est un ensemble équicontinu.</u>

D'après ce qui précède, il existe deux fonctions entières G_1 et G_2 de $\hat{M}(L)$ de coefficients $b^{(1)}_{\alpha_1 \dots \alpha_n}$ et $b^{(2)}_{\alpha_1 \dots \alpha_n}$ telles que pour $F_1 \in B_1$ de coefficient $c^{(1)}_{\alpha_1 \dots \alpha_n}$ et pour $F_2 \in B_2$ de coefficient $c^{(2)}_{\alpha_1 \dots \alpha_n}$ on ait $|c^{(j)}_{\alpha_1 \dots \alpha_n}| < b^{(j)}_{\alpha_1 \dots \alpha_n}$ avec j = 1, 2. Posons $G = G_1 . G_2$ (qui appartient à $\hat{M}(L)$ d'après 4) de coefficient $d_{\alpha_1 \dots \alpha_n}$; soit $F = F_1 . F_2 \in B_1 . B_2$ de coefficient $c_{\alpha_1 \dots \alpha_n}$; des relations

$$d_{\alpha_1 \dots \alpha_n} = \sum_{p_1 \dots p_n = o}^{\alpha_1 \dots \alpha_n} b^{(1)}_{\alpha_1 \dots \alpha_n} \, b^{(2)}_{(\alpha_1 - p_1) \dots (\alpha_n - p_n)} \text{ et } c_{\alpha_1 \dots \alpha_n} = \sum c^{(1)}_{\alpha_1 \dots \alpha_n} \, c^{(2)}_{(\alpha_1 - p_1) \dots (\alpha}$$

on déduit que $|c_{\alpha_1 \dots \alpha_n}| < d_{\alpha_1 \dots \alpha_N}$.

6. - Espaces E(L') et $\hat{M}(L)$.

6.1. Définitions de nouvelles classes de poids.

On appelle L' l'ensemble des fonctions plurisousharmoniques continues V' qui tendent vers $+\infty$ avec $\|z\|$ et vérifiant la condition suivante :

quel que soit $\varepsilon>0$, il existe R_1 et R_2 réels positifs, tels que $\|z\|>R_1$ et $\|t\|>R_2$ entraîne $\left|\exp(\langle z, t\rangle - V(t) - V'(z))\right|<\varepsilon$ pour chaque fonction V de L.

L' satisfait aux axiomes (L_1), (L_2), (L_3), (L_4) de I.2. , on peut donc définir une nouvelle classe de poids H' en posant

$$H' = \left\{\exp(-V') \ ; \ V' \in L'\right\}.$$

On définit alors E(L') (c'est-à-dire E(H')) comme l'espace vectoriel des fonctions entières f telles que f(z) exp(-V'(z)) appartienne à C_o pour toute fonction V' de L'. On munit cet espace de la topologie localement convexe séparée définie par les normes

$$\|f\|_{V'} = \sup_{\mathbb{C}^n} \left|f(z)\exp(-V'(z))\right|$$

E(L') est ainsi un espace du type $(\mathcal{P}_S)$, qui a toutes les propriétés dont jouissait E(L). Avant de montrer que E(L') est une algèbre, on va donner quelques propriétés de L' , et pour cela, on va définir deux nouvelles classes de fonctions L" et l''' .

On appelle L" l'ensemble des fonctions plurisousharmoniques continues V"(z) qui tendent vers $+\infty$ avec $\|z\|$ et vérifiant la condition suivante :

Quel que soit $\varepsilon > o$, il existe R_3 et R_4 tels que $\|z\|>R_3$ et $\|t\|>R_4$ entraîne $\left|\exp(\langle z, t\rangle - V'(t) - V''(z))\right| < \varepsilon$ pour chaque fonction V' appartenant à L'.

On définit L''' de façon analogue, la condition devenant

$\left|\exp(\langle z, t\rangle - V''(t) - V'''(z))\right| < \varepsilon$ dès que $\|z\|>R_5$ et $\|t\|> R_6$ pour chaque fonction V" de L".

<u>Propriétés</u> : On a $L \subset L''$ et $L' = L'''$.

$L\subset L''$ résulte des définitions et de (L_4) du I.2.

Soit V''' appartenant à L''' . Il existe donc R_5 et R_6 tels que $\|z\|>R_5$ et $\|t\| >R_6$ entraîne $\left|\exp(\langle z, t\rangle - V''(t) - V'''(z))\right| < \varepsilon$ pour chaque fonction V" de L" ; puisque $L \subset L''$, on a aussi $\left| \exp (\langle z, t\rangle - V(t) - V'''(z))\right| < \varepsilon$ pour chaque V de L, ce qui prouve que V''' appartient à L' par définition de L' ; donc $L''' \subset L'$. D'autre part, de $L \subset L''$, on déduit que $L' \subset (L')'' = L'''$.

6.2. Proposition : E(L') muni de la topologie définie par les normes est algèbre, c'est-à-dire une algèbre topologique.

Montrons que V'/2 appartient à L' dès que V' y est. En effet,

$$V(t) + V'(z)/2 - \langle t, z\rangle = [2V(t) + V'(z) - 2\langle t, z\rangle]/2$$

$$= [2V(t/2) + V'(z) - \langle t, z\rangle]/2$$

D'après (L_1) et (L_3) , la fonction 2V(t/2) appartient à L, ce qui prouve que $V'/2 \in L'$. Alors si f et g appartiennent à E(L'), en posant $V_1' = V'/2$, il vient

$$\|f.g\|_{V'} = \sup_{\mathbb{C}^n} |f(z)g(z)\exp(-2V'(z)/2) \leqslant \|f\|_{V_1'} \cdot \|g\|_{V_1'} ,$$

donc f.g appartient à E(L').

6.3. Proposition : $\hat{M}(L)$ est dense dans E(L').

Prouvons que $\hat{M}(L)$ est inclus dans E(L').

Soit F appartenant à $\hat{M}(L)$; il existe V appartenant à L et μ appartenant à M telles que $F(z) = \int \exp (\langle z, t\rangle - V(t)) d\mu(t)$, d'où

$$\|F\|_{V'} = \sup_{\mathbb{C}^n} \left| \int \exp (\langle z, t\rangle - V(t) - V'(z))\, d\mu(t)\right|$$

$$\leqslant \|\mu\| \sup_{\mathbb{C}^n\times\mathbb{C}^n} \left|\exp (\langle z, t\rangle - V(t) - V'(z))\right| < +\infty .$$

En appliquant le théorème de Lebesgue, on a $\lim_{\|z\|\to+\infty} F(z) \exp(-V'(z)) = o$

donc F appartient à E(L').

D'autre part, la fonction F correspondant à la mesure de Dirac au point a est dans $\hat{M}(L)$ et l'on a $F(z) = \exp(\langle a, z\rangle - V(a))$, donc $\hat{M}(L)$ contient les sommes finies exponentielles, qui sont denses dans E(L').

Corollaire : $\hat{M}(L')$ est dense dans E(L).

<u>6.4. Proposition : La topologie forte et la topologie de Mackey sur $\hat{M}(L)$ sont identiques et plus fines que la topologie induite par E(L').</u>

D'après I. 4. 1. les parties bornées sont relativement compactes, donc les topologies forte et de Mackey coïncident.

Pour montrer que la topologie induite est moins fine que la topologie forte, il suffit de prouver que pour chaque fonction V' de L', il existe un ensemble $B = B_{V'}$ borné dans E(L) tel que son polaire $B^o \subset N_{V'} = \left\{F \in \hat{M}(L)\ ;\ \|F\|_{V'} \leq 1\right\}$

Soit $B = \left\{f\ ;\ f(z) = \int \exp(\langle z, t\rangle - V'(t))d\mu(t),\ \|\mu\| \leq 1\right\}$.

On a pour f appartenant à B ;

$$\|f\|_V = \sup_{z \in \mathbb{C}^n} \left| \int \exp(\langle z, t\rangle - V'(t) - V(z))d\mu(t)\right|$$
$$\leq \|\mu\| \sup \left|\exp(\langle z, t\rangle - V'(t) - V(z))\right| < +\infty .$$

En appliquant le théorème de Lebesgue, on a $\lim_{\|z\| = +\infty} f(z)\exp(-V(z)) = 0$ donc f appartient à E(L) et B est un ensemble borné de E(L).

Soit F une fonction entière de $\hat{M}(L)$; on a $F(z) = \int \exp(\langle z, t\rangle - V(t))d\nu(t)$

d'où

$$\langle f, F\rangle = \int \exp(-V(t))f(t)\, d\nu(t)$$
$$= \int \exp(-V(t))\left(\int \exp(\langle z, t\rangle - V'(z))d\mu(z)\right)d\nu(t)$$

En appliquant le théorème de Fubini, on obtient

$$\langle f, F\rangle = \int \exp(-V'(z))\left(\int \exp(\langle z, t\rangle - V(t))d\nu(t)\right)d\mu(z)$$
$$= \int \exp(-V'(z))F(z)d\mu(z)$$

d'où

$$\sup_{f \in B} |\langle f, F\rangle| = \sup_{\|\mu\| \leq 1} \left|\int F(z)\exp(-V'(z))d\mu(z)\right| = \|F\|_{V'} .$$

On en déduit que $B^o \subset N_{V'}$.

III. - Exemples d'espaces des types $(\mathcal{S})$ et $(\mathcal{S}_S)$.

1. - **Proposition : L'espace de toutes les fonctions entières muni de la topologie de la convergence compacte est un espace du type $(\mathcal{S})$.**

Il suffit de prendre pour classe de poids K le sous-espace de C_o constitué des fonctions réelles positives à support compact.

2. - **Proposition : L'espace des fonctions entières du type exponentiel γ est du type $(\mathcal{S}_S)$.**

Il suffit de prendre pour L les fonctions $V_A(z) = A \, . \, p(z)$, $A > \gamma > 0$, où p est une norme réelle sur $\mathbb{C}^n$.

(voir [7])

BIBLIOGRAPHIE

[1] BOURBAKI (N.). - Espaces vectoriels topologiques. A.S.I., 1189 et 1229. Hermann, Paris.

[2] HÖRMANDER (L.). - An introduction to complex analysis in several variables.

[3] LELONG (P.). - Fonctions entières (n variables) et fonctions plurisousharmoniques d'ordre fini dans $\mathbb{C}^n$. Journal d'Analyse Mathématique de Jérusalem, p. 365-407, 1964.

[4] LELONG (P.). - Fonctions entières de type exponentiel dans C^n. Annales de l'Institut Fourier, t. 16, Fasc. 2, p. 269-318, 1966.

[5] LELONG (P.). - Cours d'été de Montréal , 1967.

[6] RUBEL (L.A.). - Espaces vectoriels de fonctions entières et équations différentielles d'ordre infini. Séminaire sur les équations aux dérivées partielles, Collège de France, 1965-1966.

[7] SERVIEN (C.). - Espaces de fonctions entières et fonctionnelles analytiques. Thèse du Doctorat de 3e Cycle, Paris (Non publié).

Séminaire P.LELONG
(Analyse)
8e année, 1967/68. 24 Janvier 1968

d"-COHOMOLOGIE A CROISSANCE : UN THÉORÈME DE DÉCOMPOSITION SUR UN OUVERT PSEUDO-CONVEXE

par J.- B. POLY

On généralise certains résultats de HÖRMANDER relatifs à l'image d'un opérateur fermé, à domaine dense, dans les espaces de Hilbert. On en déduit, en d"-cohomologie à croissance sur un ouvert pseudo-convexe de $\mathbb{C}^n$, un théorème de décomposition, dont un corollaire est très voisin d'un théorème de HÖRMANDER sur l'existence de solutions des équations de Cauchy-Riemann satisfaisant à des conditions de croissance.

1. - Opérateurs dans les espaces de Hilbert.

On suppose connus les définitions et résultats classiques relatifs aux opérateurs (non bornés) dans les espaces de Hilbert, et dus essentiellement à VON NEUMANN (RIESZ et NAGY [6] , Chapitre VIII).

A tout opérateur $A : E \to F$, on associe l'opérateur $A^{\#} : F \to E$ défini par $\text{dom}\, A^{\#} = \text{im}\, A$, $A^{\#} g = e$ où e est caractérisé par $e \in \text{dom}\, A \cap (\ker A)^{\perp}$ et $Ae = g$. De la définition de $A^{\#}$, résultent immédiatement les relations

$$g \in \text{im}\, A \Longrightarrow A A^{\#} g = g$$
$$f \in \text{dom}\, A \Longrightarrow \|A^{\#} Ag\| \leqslant \|g\|.$$

Si A est injectif, $A^{\#} = A^{-1}$; si A est un opérateur (à graphe) fermé , $A^{\#}$ est fermé.

PROPOSITION 1.1. : Soient $A : E \to F$ un opérateur fermé, à domaine dense, et $J : H \to F$ un opérateur à domaine dense. Les assertions suivantes (où C est une constante) sont équivalentes :

(i) $f \in \text{dom}\, A^* \Longrightarrow f \in \text{dom}\, J^*$ et $\|J^* f\| \leqslant C \|A^* f\|$.

(ii) $g \in \text{im}\, J \Longrightarrow g \in \text{im}\, A$ et $\|A^{\#} g\| \leqslant C \|J^{\#} g\|$.

La démonstration repose sur les lemmes suivants :

(a) Si $J : H \to F$ est un opérateur à domaine dense, pour que $f \in \text{dom}\, J^*$, il faut et il suffit qu'il existe une constante K telle que $|\langle Jh \mid f\rangle| \leqslant K \|h\|$ pour tout $h \in \text{dom}\, J$. Alors $\|J^* f\| \leqslant K$.

(b) Si $A : E \to F$ est un opérateur fermé, à domaine dense, pour que $g \in \text{im}\, A$, il faut et il suffit qu'il existe une constante K telle que $|\langle f \mid g\rangle| \leqslant K \|A^* f\|$ pour tout $f \in \text{dom}\, A^*$. Alors $\|A^{\#} g\| \leqslant K$.

Le lemme (a) de démonstration simple peut servir d'introduction à l'adjoint d'un opérateur. Démontrons le lemme (b).

- Si $g \in \operatorname{im} A$, on a pour tout $f \in \operatorname{dom} A^*$, $\langle f \mid g \rangle = \langle f \mid AA^{\#} g \rangle = \langle A^* f \mid A^{\#} g \rangle$, d'où $|\langle f \mid g \rangle| \leqslant K \, \|A^* f\|$, avec $K = \|A^{\#} g\|$.

- Réciproquement, soient $g \in F$ et K tels que $|\langle f \mid g \rangle| \leqslant K \, \|A^* f\|$ pour tout $f \in \operatorname{dom} A^*$. On a $\langle f \mid g \rangle = 0$ pour tout $f \in \ker A^*$; il existe alors une forme linéaire φ sur $\operatorname{im} A^*$, bornée par K, telle que $\varphi(A^* f) = \langle f \mid g \rangle$ pour tout $f \in \operatorname{dom} A^*$. φ se prolonge en une forme $\hat{\varphi}$ sur $\overline{\operatorname{im} A^*}$, bornée par K, qu'on peut représenter par $e \in \overline{\operatorname{im} A^*}$ vérifiant $\|e\| \leqslant K$. Ainsi, pour tout $f \in \operatorname{dom} A^*$, on a $\langle f \mid g \rangle = \hat{\varphi}(A^* f) = \langle A^* f \mid e \rangle$, d'où $e \in \operatorname{dom} A^{**}$ et $A^{**} e = g$. Mais, puisque A est fermé, à domaine dense, on sait que $A^{**} = A$ et que $\overline{\operatorname{im} A^*} = (\ker A)^{\perp}$, d'où résulte que $g \in \operatorname{im} A$ et $A^{\#} g = e$.

DÉMONSTRATION de la proposition 1.1.

- (i) $\Longrightarrow$ (ii). Soit $g \in \operatorname{im} J$. Pour tout $f \in \operatorname{dom} A^*$, on a d'après (i)

$$|\langle f \mid g \rangle| = |\langle f \mid JJ^{\#} g \rangle| = |\langle J^* f \mid J^{\#} g \rangle| \leqslant C \, \|A^* f\| \, \|J^{\#} g\| .$$

Par suite, $|\langle f \mid g \rangle| \leqslant K \, \|A^* f\|$, avec $K = C \, \|J^{\#} g\|$, d'où résulte (ii) d'après (b).

- (ii) $\Longrightarrow$ (i). Soit $f \in \operatorname{dom} A^*$. Pour tout $h \in \operatorname{dom} J$, on a d'après (ii)

$$|\langle Jh \mid f \rangle| = |\langle AA^{\#} Jh \mid f \rangle| = |\langle A^{\#} Jh \mid A^* f \rangle| \leqslant C \, \|J^{\#} Jh\| \, \|A^* f\| \leqslant C \, \|h\| \, \|A^* f\| .$$

Par suite, $|\langle Jh \mid f \rangle| \leqslant K \, \|h\|$, avec $K = C \, \|A^* f\|$, d'où résulte (i) d'après (a).

PROPOSITION 1.2. : <u>Si dans la proposition 1.1., J est partout défini et continu, il suffit que $\operatorname{im} J \subset \operatorname{im} A$ pour que (i) et (ii) soient vraies.</u>

DÉMONSTRATION. J étant partout défini et continu, il en est de même de J^*. Pour montrer (i), il suffit en posant $B = \{ f \in \operatorname{dom} A^*, \ \|A^* f\| = 1 \}$, de montrer que $J^* B$ est borné dans H, et pour cela que $J^* B$ est faiblement borné. Or, pour $h \in H$ fixé, il résulte de $\operatorname{im} J \subset \operatorname{im} A$ que pour tout $f \in B$, on a

$$|\langle J^* f \mid h \rangle| = |\langle f \mid Jh \rangle| = |\langle f \mid AA^{\#} Jh \rangle| = |\langle A^* f \mid A^{\#} Jh \rangle| \leqslant \|A^{\#} Jh\| .$$

On peut aussi montrer (ii) directement. En effet, si $\operatorname{im} J \subset \operatorname{im} A$, l'opérateur $A^{\#} J$ est partout défini. Or $A^{\#} J$ est fermé, car J est continu et $A^{\#}$ fermé. D'après le théorème du graphe fermé, $A^{\#} J$ est continu, donc borné par une certaine constante C, et pour tout $g \in \operatorname{im} J$, on a

$$\|A^{\#} g\| = \|A^{\#} JJ^{\#} g\| \leqslant C \, \|J^{\#} g\| .$$

Grâce à un choix convenable de J, on retrouve à partir des propositions 1.1. et 1.2. certains résultats de HÖRMANDER. Rappelons auparavant le résultat suivant dû à VON NEUMANN (RIESZ et NAGY [6] n° 118 et 119) :

PROPOSITION 1.3. : Si $A : E \to F$ est un opérateur fermé, à domaine dense, l'opérateur $1_F + AA^*$ a un inverse partout défini (auto-adjoint, continu) et l'opérateur AA^* est auto-adjoint.

PROPOSITION 1.4. (HÖRMANDER [3], lemmes 1.1. et 1.2.) : Si $A : E \to F$ est un opérateur fermé, à domaine dense, les assertions suivantes (où C est une constante) sont équivalentes :

(o) A est surjectif.

(i) A^* a un inverse borné par C.

(ii) $A^\#$ est partout défini, borné par C.

(iii) AA^* a un inverse partout défini, borné par C^2.

Ces conditions étant réalisées, $A^\# = A^*(AA^*)^{-1}$

DÉMONSTRATION. En choisissant $J = 1_F$, il résulte des propositions 1.1. et 1.2. que les assertions (o), (i) et (ii) sont équivalentes. Montrons que (i) $\Rightarrow$ (iii) : d'après (i), on a pour tout $f \in \mathrm{dom}\, AA^*$

$$\|f\|^2 \leqslant C^2 \|A^*f\|^2 = C^2 \langle AA^*f \mid f \rangle \leqslant C^2 \|AA^*f\| \|f\|$$

d'où $\|f\| \leqslant C^2 \|AA^*f\|$, ce qui montre que AA^* a un inverse borné par C^2 ; il en résulte que AA^* est surjectif en appliquant (i) $\Rightarrow$ (o) à AA^* (qui est auto-adjoint, d'après la proposition 1.3.), ce qui achève de prouver (iii). Il est évident que (iii) $\Rightarrow$ (o), car $\mathrm{im}\, AA^* \subset \mathrm{im}\, A$. On montre enfin que $A^\# = A^*(AA^*)^{-1}$ en revenant à la définition de $A^\#$.

REMARQUE. Si $A : E \to F$ est un opérateur fermé, à domaine dense, il résulte de la proposition 1.3. que le sous-espace $M = \{(AA^*f, A^*f),\ f \in \mathrm{dom}\, AA^*\}$ est dense dans le graphe de $A^\#$. On peut en particulier, montrer que (i) $\Rightarrow$ (ii) dans la proposition 1.1., en étudiant pour $g \in \mathrm{im}\, J$, la suite (f_k) définie (grâce à la proposition 1.3.) par $f_k = (1_F + kAA^*)^{-1}(kg)$, laquelle vérifie $\lim AA^*f_k = g$ et $\lim A^*f_k = A^\# g$.

A partir des propositions 1.1. et 1.2., on peut aussi retrouver, en choisissant pour J un projecteur de F, des résultats de HÖRMANDER relatifs aux opérateurs à image fermée ([4], lemme 4.1.1. et [5], théorème 1.1.1.), en particulier :

PROPOSITION 1.5. : Si $A : E \to F$ est un opérateur fermé, à domaine dense, pour que im A soit fermé, il faut et il suffit que $\mathrm{im}\, A^*$ soit fermé.

2. - Suites nulles d'opérateurs.

On appelle suite nulle $X \xrightarrow{T} Y \xrightarrow{S} Z$ une suite d'opérateurs fermés à domaine dense, telle que $\operatorname{im} T \subset \ker S$ (ou ce qui est équivalent $\operatorname{im} T \perp \operatorname{im} S^*$). On associe à une telle suite l'opérateur $A : X \times Z \longrightarrow Y$ défini par $\operatorname{dom} A = \operatorname{dom} T \times \operatorname{dom} S^*$ et $A(x, z) = T x + S^* z$. A est un opérateur fermé, à domaine dense, dont l'adjoint $A^* : Y \longrightarrow X \times Z$ est défini par $\operatorname{dom} A^* = \operatorname{dom} T^* \cap \operatorname{dom} S$ et $A^* y = (T^* y, S y)$.

On en déduit que Y admet la décomposition suivante en somme directe orthogonale

(1) $\quad Y = \overline{\operatorname{im} A} \oplus \ker A^* = \overline{\operatorname{im} T} \oplus (\ker T^* \cap \ker S) \oplus \overline{\operatorname{im} S^*}$

et d'après la proposition 1.3., que l'opérateur $L = A A^* = T T^* + S^* S$ est auto-adjoint (voir GAFFNEY [2] pour une autre démonstration).

Soient $P : Y \longrightarrow X$ et $Q : Y \longrightarrow Z$ les composantes de l'opérateur $A^\# : Y \longrightarrow X \times Z$. P et Q sont les opérateurs de domaine commun $\operatorname{im} T \oplus \operatorname{im} S^*$, définis par $P g = u$ et $Q g = v$ où u et v sont caractérisés par $u \in \operatorname{dom} T \cap (\ker T)^\perp$, $v \in \operatorname{dom} S^* \cap (\ker S^*)^\perp$ et $g = T u + S^* v$.

En appliquant la proposition 1.1., on obtient :

PROPOSITION 2.1. : Soient $X \xrightarrow{T} Y \xrightarrow{S} Z$ une suite nulle et $J : H \longrightarrow Y$ un opérateur fermé, à domaine dense. Les assertions suivantes (où C est une constante) sont équivalentes :

(i) $f \in \operatorname{dom} T^* \cap \operatorname{dom} S \Longrightarrow f \in \operatorname{dom} J^*$ et $\|J^* f\|^2 \leq C^2 (\|T^* f\|^2 + \|S f\|^2)$.

(ii) $g \in \operatorname{im} J \Longrightarrow g \in \operatorname{im} T \oplus \operatorname{im} S^*$ et $\|P g\|^2 + \|Q g\|^2 \leq C^2 \|J^\# g\|^2$.

De même , à partir de la proposition 1.4., on a :

PROPOSITION 2.2. : Si $X \xrightarrow{T} Y \xrightarrow{S} Z$ est une suite nulle, les assertions suivantes (où C est une constante) sont équivalentes :

(o) $\qquad Y = \operatorname{im} T \oplus \operatorname{im} S^*$

(i) $\qquad f \in \operatorname{dom} T^* \cap \operatorname{dom} S \Longrightarrow \|f\|^2 \leq C^2 (\|T^* f\|^2 + \|Sf\|^2)$

Ces conditions étant réalisées, les opérateurs P et Q sont partout définis, bornés par C ; l'opérateur $L = TT^* + S^*S$ a un inverse partout défini, borné par C^2 ; $P = T^* L^{-1}$ et $Q = SL^{-1}$.

On désigne par $\mathcal{S}$ une suite nulle, illimitée à droite (d'opérateurs fermés, à domaine dense)

$$\mathcal{S} : H_o \xrightarrow{T_o} H_1 \longrightarrow \dots \longrightarrow H_{q-1} \xrightarrow{T_{q-1}} H_q \xrightarrow{T_q} H_{q+1} \longrightarrow \dots$$

et on applique les résultats qui précèdent aux courtes suites nulles

$$\mathcal{S}_q \ : \ H_{q-1} \xrightarrow{T_{q-1}} H_q \xrightarrow{T_q} H_{q+1} \ .$$

PROPOSITION 2.3. : Pour qu'une suite $\mathcal{S}$ soit exacte, il faut et il suffit que les conditions équivalentes suivantes (où C_q désigne une constante) soient réalisées

(o) pour $q > 0$, $H_q = \operatorname{im} T_{q-1} \oplus \operatorname{im} T_q^*$.

(i) pour $q > 0$, $f \in \operatorname{dom} T_{q-1}^* \cap \operatorname{dom} T_q \Longrightarrow \|f\|^2 \leqslant C_q^2 (\|T_{q-1}^* f\|^2 + \|T_q f\|^2)$

DÉMONSTRATION. En vertu de la proposition 2.2., il suffit de montrer que l'exactitude de $\mathcal{S}$ équivaut à (o). Or, d'après la décomposition (1), on a pour tout $q > 0$

$$H_q = \overline{\operatorname{im} T_{q-1}} \oplus (\ker T_{q-1}^* \cap \ker T_q) \oplus \overline{\operatorname{im} T_q^*} \ ,$$

d'où $\ker T_q = \overline{\operatorname{im} T_{q-1}} \oplus (\ker T_{q-1}^* \cap \ker T_q)$. Pour que $\mathcal{S}$ soit exacte, il faut et il suffit que pour tout $q > 0$, on ait

$$\ker T_{q-1}^* \cap \ker T_q = 0 \quad \text{et} \quad \operatorname{im} T_{q-1} \ \text{fermé}$$

ou encore (o) compte-tenu de la proposition 1.5.

REMARQUE. Si $\mathcal{S}$ est une suite exacte, les opérateurs P_q associés aux courtes suites $\mathcal{S}_q$ sont partout définis, bornés par C_q ; les opérateurs $L_q = T_{q-1} T_{q-1}^* + T_q^* T_q$ ont un inverse partout défini, borné par C_q^2 et $P_q = T_{q-1}^* L_q^{-1}$. De plus

(a) pour $q > 0$, $g \in \operatorname{dom} T_q \Longrightarrow g = T_{q-1} P_q g + P_{q+1} T_q g$.

(b) pour $q = 0$, $g \in \operatorname{dom} T_o \Longrightarrow g = P_o g + P_1 T_o g$,

où P_o est le projecteur orthogonal sur $\ker T_o$. On peut traduire ces dernières propriétés (a) et (b) , en disant que toute suite exacte $\mathcal{S}$ possède un opérateur d'homotopie continu, défini par les opérateurs P_q.

3. - d''-cohomologie à croissance.

Soit Ω un ouvert de $\mathbb{C}^n$. On désigne par $\mathcal{E}_{p,q}(\Omega)$ - resp. $\mathcal{D}_{p,q}(\Omega)$ - le $\mathbb{C}$-espace vectoriel des formes différentielles complexes sur Ω de bi-degré (p,q) qui sont de classe C^∞ sur Ω -resp. de classe C^∞ à support compact dans Ω ; par $\mathcal{D}'_{p,q}(\Omega)$ le $\mathbb{C}$-espace des courants complexes sur Ω de bi-degré (p,q). Soit $d = d' + d''$ la décomposition classique de l'opérateur d de différentiation extérieure des courants en ses composantes de bi-degré (1,0) et (0,1). Enfin, soient

$*$ et dv respectivement l'opérateur d'adjonction et l'élément de volume associés à la métrique $ds^2 = \sum_\alpha dz_\alpha d\bar{z}_\alpha$.

A la donnée d'un poids $e^{-\varphi}$ (où φ est une fonction réelle, continue sur Ω), on associe l'espace de Hilbert $L^2_{p,q}(\Omega,\varphi)$ des (classes de) formes différentielles complexes sur Ω de bi-degré (p,q) qui sont de carré sommable pour le poids $e^{-\varphi}$, muni du produit scalaire $\langle f \mid g\rangle_\varphi = \int_\Omega e^{-\varphi} f\wedge * \bar{g}$. Une telle définition (voir par exemple ANDREOTTI et VESENTINI [1]) introduit un facteur 2^{p+q} dans le produit scalaire et la norme habituels : avec les notations de HÖRMANDER [5], si $f\in L^2_{p,q}(\Omega,\varphi)$ a pour expression $f = \sum'_{I,J} f_{I,J}\, dz_I\wedge d\bar{z}_J$, on a

$$\| f\|^2_\varphi = 2^{p+q} \int_\Omega |f|^2 e^{-\varphi} dv \qquad \text{où } |f|^2 = \sum'_{I,J} |f_{I,J}|^2 .$$

Toute forme $f\in L^2_{p,q}(\Omega,\varphi)$ est localement intégrable, et définit un courant de bi-degré (p,q) noté encore f : $g\in \mathcal{D}_{n-p,n-q}(\Omega)\mapsto [g] = \int_\Omega f\wedge g$. L'application ainsi définie est une injection continue de l'espace de Hilbert $L^2_{p,q}(\Omega,\varphi)$ dans $\mathcal{D}'_{p,q}(\Omega)$ muni de sa topologie forte classique de dual.

On suppose désormais $q>0$ et on considère la suite

$$L^2_{p,q-1}(\Omega,\varphi) \xrightarrow{T} L^2_{p,q}(\Omega,\varphi) \xrightarrow{S} L^2_{p,q+1}(\Omega,\varphi)$$

des opérateurs maximaux (HÖRMANDER [3], définition 1.1.) associés à l'opérateur d'' : si $f\in L^2_{p,q}(\Omega,\varphi)$ et $v\in L^2_{p,q+1}(\Omega,\varphi)$, pour que $f\in \mathrm{dom}\, S$ et $Sf = v$, il faut et il suffit que $d''f = v$ dans $\mathcal{D}'_{p,q+1}(\Omega)$. Cette suite est une suite nulle (d'opérateurs fermés, à domaine dense).

REMARQUES. Si φ est une fonction de classe C^∞ sur Ω, les opérateurs adjoints T^* et S^* s'interprètent comme les opérateurs minimaux (HÖRMANDER [3], définition 1.1.) associés à l'opérateur $\partial''_\varphi = - * e^{\varphi} d' e^{-\varphi} *$: si $f\in L^2_{p,q}(\Omega,\varphi)$ et $u\in L^2_{p,q-1}(\Omega,\varphi)$, pour que $f\in\mathrm{dom}\, T^*$ et $T^*f = u$, il faut et il suffit qu'il existe une suite (f_k) dans $\mathcal{D}_{p,q}(\Omega)$ telle que $\lim f_k = f$ et $\lim \partial''_\varphi f_k = u$. L'opérateur auto-adjoint $L = TT^* + S^*S$ est compris (pour la relation d'extension des opérateurs) entre les opérateurs minimal et maximal définis par l'opérateur $\Box_\varphi = d''\partial''_\varphi + \partial''_\varphi d''$. Si $f\in\mathcal{D}'_{p,q}(\Omega)$ a pour expression $f = \sum'_{I,J} f_{I,J}\, dz_I\wedge d\bar{z}_J$, on a en posant $\delta_\alpha = e^{\varphi} \frac{\partial}{\partial z_\alpha} e^{-\varphi}$

$$d''f = \sum'_{I,J} \sum_\alpha \frac{\partial}{\partial \bar{z}_\alpha} f_{I,J}\, d\bar{z}_\alpha \wedge dz_I\wedge d\bar{z}_J$$

$$\partial''_{\varphi} f = (-1)^{p+1}\, 2 \sum_{I,K}{}' \sum_{\alpha} \delta_{\alpha} f_{I,\alpha K}\, dz_I \wedge d\bar{z}_K$$

$$\square_{\varphi} f = -2 \sum_{I,J}{}' \sum_{\alpha} \delta_{\alpha} \frac{\partial}{\partial \bar{z}_{\alpha}} f_{I,J}\, dz_I \wedge d\bar{z}_J + 2 \sum_{I,K}{}' \sum_{\alpha,\beta} \frac{\partial^2 \varphi}{\partial z_{\alpha} \partial \bar{z}_{\beta}} f_{I,\alpha K}\, dz_I \wedge d\bar{z}_{\beta} \wedge d\bar{z}_K .$$

Si de plus, on suppose que φ est plurisousharmonique dans Ω et que c est une fonction continue, minorant la plurisousharmonicité de φ, on déduit de l'expression de $\square_{\varphi}$ que pour toute $f \in \mathcal{D}_{p,q}(\Omega)$, on a

(2) $$\langle \square_{\varphi} f , f \rangle_{\varphi} = \| \partial''_{\varphi} f \|^2_{\varphi} + \| d'' f \|^2_{\varphi} \geq 2^{p+q} \int_{\Omega} 2qc\, |f|^2\, e^{-\varphi} dv.$$

A la donnée d'une fonction $c > 0$, continue sur Ω, on associe l'opérateur de domaine maximal $J : L^2_{p,q}(\Omega, \varphi) \longrightarrow L^2_{p,q}(\Omega, \varphi)$ défini par l'homothétie $f \longmapsto \sqrt{2qc}\; f$; J est un opérateur auto-adjoint et injectif. On peut alors énoncer :

THÉORÈME 3.1. <u>Si Ω est un ouvert pseudo-convexe de $\mathbb{C}^n$, φ une fonction plurisousharmonique continue sur Ω, $c > 0$ une fonction continue sur Ω, minorant la plurisousharmonicité de φ, alors</u> :

(i) $f \in \operatorname{dom} T^* \cap \operatorname{dom} S \Longrightarrow f \in \operatorname{dom} J$ et $\| J f \|^2_{\varphi} \leq \| T^* f \|^2_{\varphi} + \| S f \|^2_{\varphi}$.

(ii) $g \in \operatorname{im} J \Longrightarrow g \in \operatorname{im} T \oplus \operatorname{im} S^*$ et $\| P g \|^2_{\varphi} + \| Q\, g \|^2_{\varphi} \leq \| J^{-1}\, g \|^2_{\varphi}$.

DÉMONSTRATION.

- On suppose d'abord (en plus des hypothèses du théorème) que Ω est un ouvert à frontière C^{∞} et φ une fonction de classe C^{∞} au voisinage de $\bar{\Omega}$. (i) résulte alors d'une inégalité due à HÖRMANDER ([5] , proposition 2.1.1. et théorème 2.1.4.) qui prolonge l'inégalité (2) valable pour les formes $f \in \mathcal{D}_{p,q}(\Omega)$. On obtient (ii) grâce à la proposition 2.1.

- On montre ensuite que (ii) reste valable dans les hypothèses moins restrictives du théorème, en utilisant un procédé d'exhaustion (tout ouvert pseudo-convexe Ω de $\mathbb{C}^n$ est réunion d'une suite exhaustive d'ouverts Ω_k relativement compacts dans Ω, à frontière C^{∞} pseudo-convexe, au voisinage de chacun desquels on peut régulariser φ). On obtient alors (i) grâce à la proposition 2.1.

INTERPRÉTATION. Posant $2qc = e^{\chi}$, les assertions (i) et (ii) du théorème s'écrivent

(i) $f \in \operatorname{dom} T^* \cap \operatorname{dom} S \Longrightarrow f \in L^2_{p,q}(\Omega, \varphi - \chi)$ et $\| f \|^2_{\varphi - \chi} \leq \| T^* f \|^2_{\varphi} + \| S f \|^2_{\varphi}$.

(ii) pour tout $g \in L^2_{p,q}(\Omega, \varphi) \cap L^2_{p,q}(\Omega, \varphi+\chi)$, il existe $u \in L^2_{p,q-1}(\Omega, \varphi)$ et $v \in L^2_{p,q+1}(\Omega, \varphi)$ uniques tels que

$u \in \operatorname{dom} T \cap (\ker T)^{\perp}$ $\quad v \in \operatorname{dom} S^* \cap (\ker S^*)^{\perp}$ et $g = Tu + S^* v$;

de plus, $\|u\|^2_{\varphi} + \|v\|^2_{\varphi} \leq \|g\|^2_{\varphi+\chi}$.

COROLLAIRE 3.1. : Les hypothèses étant celles du théorème 3.1., si $g \in \operatorname{im} J \cap \ker S$, alors $g \in \operatorname{im} T$ et $\|T^{\#} g\|_{\varphi} \leq \|J^{-1} g\|_{\varphi}$.

On obtient ainsi un résultat très voisin d'un théorème de HÖRMANDER ([5] , théorème 2.2.1').

On désigne maintenant par $\mathcal{N}(\Omega, \varphi)$ la suite nulle, illimitée à droite, des opérateurs T_q (opérateurs maximaux associés à d")

$$\mathcal{N}(\Omega,\varphi) : L^2_{p,o}(\Omega,\varphi) \xrightarrow{T_o} L^2_{p,1}(\Omega,\varphi) \to \ldots \to L^2_{p,q-1}(\Omega,\varphi) \xrightarrow{T_{q-1}} L^2_{p,q}(\Omega,\varphi) \xrightarrow{T_q} L^2_{p,q+1}(\Omega,\varphi) \to \ldots$$

PROPOSITION 3.1. : Si dans les hypothèses du théorème 3.1., $c > 0$ est une constante (minorant la plurisousharmonicité de φ), alors la suite $\mathcal{N}(\Omega, \varphi)$ est exacte.

DÉMONSTRATION. Il suffit d'appliquer la proposition 2.3., la condition (i) résultant du théorème 3.1., avec $C^2_q = \dfrac{1}{2qc}$.

PROPOSITION 3.2. : Si Ω est un ouvert pseudo-convexe et relativement compact de $\mathbb{C}^n$, φ une fonction plurisousharmonique continue sur Ω, alors la suite $\mathcal{N}(\Omega, \varphi)$ est exacte, et pour tout $q > 0$, il existe une constante C_q telle que

(i) $f \in \operatorname{dom} T^*_{q-1} \cap \operatorname{dom} T_q \Longrightarrow \|f\|^2_{\varphi} \leq C^2_q \left(\|T^*_{q-1} f\|^2_{\varphi} + \|T_q f\|^2_{\varphi} \right)$.

DÉMONSTRATION. En vertu de la proposition 2.3., il suffit de montrer que la suite $\mathcal{N}(\Omega, \varphi)$ est exacte. La fonction $\psi = \varphi + |z|^2$ est plurisousharmonique dans Ω et admet la constante $c = 1$ comme minorant de plurisousharmonicité ; par conséquent, la suite $\mathcal{N}(\Omega, \psi)$ est exacte d'après la proposition 3.1. Or on a $0 \leq \psi - \varphi \leq \sup_{\Omega} |z|^2$, d'où l'identité au point de vue ensembliste des espaces $L^2_{p,q}(\Omega, \varphi)$ et $L^2_{p,q}(\Omega, \psi)$, et par suite celle des suites $\mathcal{N}(\Omega, \varphi)$ et $\mathcal{N}(\Omega, \psi)$.

BIBLIOGRAPHIE

[1] ANDREOTTI (A.) et VESENTINI (E.). - Sopra un teorema di Kodaira, Annali Scuola Norm Superiore, Pisa, 15, p. 283-309, 1961.

[2] GAFFNEY (M.-P.). - Hilbert spaces methods in the theory of harmonic integrals, Tra Amer. Math. Soc., 78, p. 426-444, 1955.

[3] HÖRMANDER (L.). - On the theory of general partial differential operators, Acta Mat matica, 94, p. 161-248, 1955.

[4] HÖRMANDER (L.). - An introduction to complex analysis in several variables, Van Nos trand, Princeton, 1966.

[5] HÖRMANDER (L.). - L^2-estimates and existence theorems for the $\bar{\partial}$ operator, Acta Mat tica, 113, p. 89-152, 1965.

[6] RIESZ (F.) et NAGY (B.-S.). - Leçons d'analyse fonctionnelle, Académie des Sciences de Hongrie, 1955.

Séminaire P.LELONG
(Analyse)
8e année, 1967/68 31 Janvier 1968

FAMILLE DE TRACES SUR LES SOUS-ESPACES D'UNE FONCTION PLURISOUSHARMONIQUE OU ENTIÈRE DANS C^n.

par Walter HENGARTNER

Nous comparons quelques propriétés de la restriction d'une fonction plurisousharmonique ou entière dans C^n sur les droites complexes.

1. - Rappel de quelques propriétés d'une fonction plurisousharmonique dans C^n.

Soit C^n l'espace à n dimensions complexes dont les points seront notés $z = (z_1, \ldots, z_n)$ muni de la norme $\|z\| = [\sum_{i=1}^{n} z_i . \bar{z}_i]^{1/2}$.

DÉFINITION 1. 1. : Une fonction V à valeurs réelles définie dans un domaine D de C^n sera dite plurisousharmonique dans D si

(a) $-\infty \leq V(z) < \infty \quad \forall z \in D$,

(b) V est bornée supérieurement sur tout compact $K \subset D$

(c) La restriction de V à toute composante connexe de $C^1(z + \rho . u) \cap D$, $z \in C^n$, $\rho \in C^n$, est soit la constante $-\infty$, soit une fonction sousharmonique de u.

Une fonction plurisousharmonique est semi-continue supérieurement et si V_1 et V_2 sont plurisousharmoniques dans D alors $V_1 + V_2$, $\max(V_1, V_2)$ et $\lambda . V_1$, $\lambda > 0$, sont aussi plurisousharmoniques dans D.

DÉFINITION 1. 2. : Un ensemble $E \subset D \subset C^n$ sera dit polaire dans D, s'il existe une fonction V plurisousharmonique dans D telle qu'on ait

$$E \subset \left\{ z \mid V(z) = -\infty \right\} .$$

La réunion dénombrable d'ensembles polaires est polaire.

Soit $V_t(z)$, $t \in R$, une famille de fonctions plurisousharmoniques dans D, localement bornée supérieurement. Alors

(a) $\int_K V_t(z) . d\mu(t) = U(z)$ est plurisousharmonique dans D, μ étant une mesure à support compact $K \subset R$.

(b) $W^*(z) = \limsup_{z' \to z} \sup_t V_t(z')$ est plurisousharmonique dans D.

DÉFINITION 1. 3. : Un ensemble $E \subset D \subset C^n$ sera dit négligeable dans D, s'il existe une suite croissante $V_q(z)$ de fonctions plurisousharmoniques dans D, localement bornée supérieurement, telle qu'on ait

$$\lim_{q\to\infty} V_q(z) = W(z) \quad \text{et} \quad E \subset \{z \mid W(z) < W^*(z)\},$$

$W^*(z)$ désignant la régularisée supérieure de $W(z)$.

La réunion dénombrable d'ensembles négligeables est négligeable et un ensemble négligeable est de R^{2n}-capacité nulle. D'autre part, un ensemble polaire dans D est un ensemble négligeable dans D.

Théorème de Hartogs : Soit $V_t(z)$ une famille de fonctions plurisousharmoniques dans $D \subset C^n$, localement bornée supérieurement, $t \in R$, satisfaisant à

$$\limsup_{t\to\infty} V_t(z) \leqslant g(z),$$

où g est une fonction continue. Pour tout compact $K \subset D$ et pour tout $\varepsilon > 0$ il existe un $t_o(K, \varepsilon)$ tel que

$$V_t(z) < g(z) + \varepsilon$$

pour tous les $z \in K$ lorsque $t > t_o$.

Théorème [P. LELONG] : Soit V une fonction plurisousharmonique dans C^n, et soit $a > V(0)$. En posant

$$R(z) = \sup |u| \quad , \quad u \in C^1 \quad , \quad V(z.u) < a ,$$

$-\log R(z)$ est plurisousharmonique dans C^n.

L'ordre ρ et l'ordre précisé $\rho(r)$ de Valiron.

Soit V une fonction plurisousharmonique dans C^n, et soient

$$M(z) = \max_{0\leqslant\theta\leqslant 2\pi} V(z.e^{i\theta}) \quad \text{et} \quad M(r) = \max_{\|z\|=r} V(z) \tag{1}$$

DÉFINITION 1. 4. : Une fonction plurisousharmonique dans C^n est d'ordre ρ, si

$$\limsup_{r\to\infty} \log^+ M^+(r) / \log r = \rho \quad , \quad 0 \leqslant \rho \leqslant \infty.$$

DÉFINITION 1. 5. : Une fonction plurisousharmonique dans C^n d'ordre fini ρ sera dite d'ordre précisé $\rho(r)$, si l'on a

$$\limsup_{r\to\infty} M(r).r^{-\rho(r)} = a , \quad 0 < a < \infty ,$$

où $\rho(r)$ est une fonction continue, positive, dérivable par morceaux et partout dérivable à gauche et à droite pour $r > 0$ telle que

$$\lim_{r\to\infty} \rho(r) = \rho \quad \text{et} \quad \lim_{r\to\infty} \rho'(r).r.\log r = 0.$$

Remarque . - Si $\rho(r)$ est un ordre précisé de Valiron, on a :

(a) $\lim_{r\to\infty} (k.r)^{\rho(k.r)} . r^{-\rho(r)} = k^{\rho}, \quad \forall k > 0$

(b) Si $\rho > 0$, $r^{\rho(r)}$ est une fonction monotone croissante.

PROPOSITION 1. - Toute fonction plurisousharmonique, d'ordre fini et non constante possède un ordre précisé $\rho(r)$.

En effet, B.J.Levin [1] a montré que toute fonction $f(x)$, $x \in R^+$, d'ordre fini satisfaisant à $\lim_{x\to\infty} f(x) = \infty$, possède un ordre précisé.

2. - Indicatrice cerclée et sa régularisée d'une fonction plurisousharmonique dans C^n.

DÉFINITION 2. 6. : On appelle "indicatrice cerclée" d'une fonction V plurisousharmonique dans C^n d'ordre $\rho(r)$ l'expression suivante :

$$L_c(z, V, \rho(r)) = \limsup_{r\to\infty} M(z, r).r^{-\rho(r)}, \tag{2}$$

et sa régularisée est

$$L_c^*(z, V, \rho(r)) = \limsup_{z'\to z} L_c(z', V, \rho(r)) , \tag{3}$$

M(z) étant définie par (1).

THÉORÈME 1 : Soit V une fonction plurisousharmonique dans C^n d'ordre $\rho(r)$. Alors

(a) L_c^* et $\log L_c^*$ sont plurisousharmoniques dans C^n

(b) $L_c^*(z.u, V, \rho(r)) = |u|^{\rho} . L_c^*(z, V, \rho(r))$, $u \in C^1$.

En effet $M(z.r).r^{-\rho(r)}$, $r > 0$, est une famille de fonctions plurisousharmoniques dans C^n, localement bornée supérieurement , et le théorème de Hartogs appliqué à $g(z) \equiv 0$, entraîne que L_c^* n'est pas identiquement nulle.

COROLLAIRE : L'ordre précisé $\rho(r)$ d'une fonction V plurisousharmonique dans C^n est l'ordre précisé de V sur toutes les droites $C^1(z.\ u)$ sauf pour les z appartenant à un ensemble négligeable.

Remarques :

1) L'indicatrice cerclée de V sur une droite complexe $C^1(z + \xi.u)$ est définie par

$$L_c(z, \zeta, V, \rho(r)) = \limsup_{|u|\to\infty} V(z+\zeta.u).\ |u|^{-\rho(|u|)}$$

et on a :

$$\operatorname{reg}\sup_{z\times\zeta} L_c(z, \zeta, V, \rho(r)) = L_c^*(\zeta, V, \rho(r)).$$

2) L'ordre $\rho(0 \leqslant \rho \leqslant \infty)$ d'une fonction V plurisousharmonique dans C^n est l'ordre de V sur toutes les droites $C^1(z.u)$ sauf pour des z appartenant à un ensemble polaire.

En effet, soit $R(z, \mu)$ définie par

$$R(z, \mu) = \sup r \ , \quad M^+(z.r) < \mu \ , \quad \mu > M^+(0) + 1.$$

Alors $- \log R(z, \mu) / \log \mu$ est une famille de fonctions plurisousharmoniques dans C^n, localement bornée supérieurement, satisfaisant à

$$\limsup_{\mu\to\infty} - \log R(z, \mu) / \log \mu = \rho_z^{-1} \leqslant 0$$

ce qui établit l'énoncé.

3. - L'ordre relatif de P.LELONG [6] d'une fonction entière ou plurisousharmonique*)

On étudie la croissance d'une fonction plurisousharmonique V sur les droites $C^1(z+\zeta.u)$, ζ fixé. Nous avons déjà énoncé que, si V est plurisousharmonique dans C^n,

$$L_c^*(\zeta, V, \rho(r)) = \operatorname{reg}\sup_{z\times\zeta} L_c(z, \zeta, V, \rho(r)).$$

On peut supposer sans diminuer la généralité

$$z = (0, z_2, \dots, z_n) = (0, z') \quad \text{et } \zeta = (1, 0, \dots, 0).$$

Supposons que V est plurisousharmonique dans $\Omega = [C^1 \times d]$, d étant un domaine dans C^{n-1}, et posons :

$$M(r, z') = \max_{|u|=r} V(u, z') \ ,$$

$$M(r, R) = \max_{\|z'\|=R} M(r, z') \quad \text{et}$$

$$M(r, \omega) = \sup_{z'\in\omega} M(r, z') \ ,$$

où ω est un ensemble dans C^{n-1} tel que $\bar{\omega}$ soit compact dans le domaine d. $M(r, z')$, $M(r, R)$ et $M(r, \omega)$ sont des fonctions continues croissantes et convexes de log r si V n'est pas indépendante de z. En désignant

$$\mu_0(z') = V(0, z') \quad (\text{resp. } \mu_0(\bar{\omega}) = \sup_{z'\in\bar{\omega}} V(0, z')) \text{ et}$$

*) Cf. le Chapitre 6 du Cours de Montréal de P.LELONG, été 1967.

$$\varphi(z', \mu) = \sup r \ , \ r>0, \ \ M(r, z')<\mu \ , \ \ \mu>\mu_o(z')$$

(resp. $\varphi(\omega, \mu) = \sup r, \ r>0, \ M(r,\omega)<\mu \ , \ \ \mu>\mu_o(\bar{\omega})$)

la fonction $-\log\varphi(z', \mu)$ est plurisousharmonique dans $d \subset C^{n-1}$.

Théorème (P. LELONG) : Soit $\bar{\omega}_1$ et $\bar{\omega}_2$ deux ensembles compacts dans d, d'intérieurs non vides. Alors il existe des constantes $\sigma>0$, $\tau>0$, C_1 et C_2 telles que

$$M(r, \omega_1) \leqslant M(r^{\sigma}, \omega_2) + C_1$$

$$M(r, \omega_2) \leqslant M(r^{\tau}, \omega_1) + C_2.$$

Pour la démonstration on utilise l'inégalité

$$M(r^{\lambda} \ , \ k_1.R) \leqslant \lambda \ . \ M(r, R) + (1-\lambda). \ M(1, k_2.R)$$

k_1, k_2 et λ satisfaisant à $1<k_1<k_2$ et $\lambda = 1 - [\log k_1/\log k_2]$.

Soit B_o une boule compacte dans d de centre z'_o et de rayon non nul et soit $d_1 \subset d$ un domaine d'adhérence compacte dans d. On suppose de plus que $M(r, B_o)$ n'est pas bornée quand r tend vers l'infini. Il existe donc un μ_o tel que

$$\chi(z', \mu) = -\log\varphi(z', \mu)/\log\varphi(B_o, \mu), \ \mu>\mu_o,$$

soit une famille de fonctions plurisousharmoniques et bornées supérieurement dans d_1 par une constante $c(d_1)$ satisfaisant à

$$-1 \leqslant c(d_1) < 0.$$

DÉFINITION 3. 7. - On appelle l'ordre relatif $\lambda(z')$ de $V(u, z')$ l'expression suivante :

$$\lambda(z') = \limsup_{\mu\to\infty} -\chi^{-1}(z', \mu),$$

et sa régularisée supérieure est

$$\lambda^*(z') = \limsup_{y'\to z'} \lambda(y') \quad .$$

$\lambda(z')$ est non-négative et bornée supérieurement sur tout compact de d et $-\log\lambda^*(z')$ est plurisousharmonique dans d. Donc l'ensemble $\{z' \mid z'\in d, \ \lambda(z')<\lambda^*(z')\}$ est négligeable sur tout domaine d_1 d'adhérence compacte dans $d \subset C^{n-1}$.

Soit $s(z', \mu)$ définie par

$$M(r, z') = M(r^{s(z', \mu)}, B_o) = \mu \ .$$

Alors l'ordre relatif $\lambda(z')$ peut s'exprimer par

$$\lambda(z') = \limsup_{\mu \to \infty} s(z', \mu) .$$

Remarque : En remplaçant $\log \varphi(B_o, \mu)$ par $\log \mu$, on obtient l'ordre classique $\rho(z')$ (définition 1. 4.) de la fonction $M(r, z')$. $- \log \rho^*(z')$ est aussi plurisousharmonique dans d.

Dans le cas où $\Omega = C^n$, on obtient

$\lambda^* (z') \equiv 1$ et $\rho^* (z') \equiv$ const. , $0 \leqslant \rho^* \leqslant \infty$.

De plus , si ω_1 et ω_2 sont deux ensembles bornés dans C^{n-1} et d'intérieur non vides, on a

$$\lim_{\mu \to \infty} \log \varphi(\omega_1, \mu)/\log \varphi(\omega_2, \mu) = 1 .$$

L'avantage de cette théorie de l'ordre relatif est qu'elle permet la comparaison des croissances même dans le cas où l'ordre classique ρ peut être infini.

4. - Classe de convergence et genre d'une fonction plurisousharmonique dans C^n.

DÉFINITION 4. 8. : Une fonction V plurisousharmonique dans C^n est de la classe de convergence par rapport à un nombre s, $s > 0$, si

$$\int_R^{\infty} M^+(r).r^{-s-1}dr$$

est convergente.

THÉORÈME 2 : Si V est une fonction plurisousharmonique dans C^n, et si $V(z, u)$, $u \in C^1$, est de la classe de convergence par rapport à s, $s > 0$, pour tout z appartenant à un ensemble non négligeable, alors V et donc $V(z. u)$ sont de la classe de convergence pour tous les $z \in C^n$.

En effet,

$$W(z) = \int_0^1 M^+(z.t, V_1).t^{-s-1}dt = \|z\|^s \int_0^{\|z\|} M^+(\alpha.t, V_1).t^{-s-1}dt$$

où $\alpha = z / \|z\|$ et où

$$V_1(z) = \begin{cases} V^+(z) \text{ si } V(0) = -\infty \\ [V(z) - V(0) - 1]^+ \text{ si } V(0) > -\infty, \end{cases}$$

est plurisousharmonique dans C^n et la limite

$$\lim_{r \to \infty} M(z.r, W).r^{-s} < \infty$$

existe pour tous les z C^n. Tenant compte du théorème 1, V_1 et donc V sont de la classe de convergence par rapport à s.

DÉFINITION 4. 9. : Le genre q d'une fonction plurisousharmonique dans C^n d'ordre fini ρ est défini par

$$q = \begin{cases} [\rho] \text{ si } \rho \text{ n'est pas entier, } [\rho] \text{ désignant la partie entière de } \rho \\ \rho - 1 \text{ si } \rho \text{ est entier. } \lim M^+(r).r^{-\rho} = 0 \text{ et } \int_R^\infty N(r).r^{-\rho-1}dr < \infty \\ \rho \quad \text{autrement} \end{cases}$$

N(r) désignant la moyenne de V sur la sphère $S_{2n-1}(0, r)$.

COROLLAIRE : Une fonction V plurisousharmonique dans C^n est du même genre $q_z = q$ sur toutes les droites $C^1(z.u)$ sauf pour des z appartenant à un ensemble négligeable.

5. - Harmonicité d'une fonction plurisousharmonique dans C^n sur les droites $C^1(z.u)$.

DÉFINITION 5. 10. : Une fonction V sera dite pluriharmonique , si V et - V sont plurisousharmoniques.

Soit $\sigma(z) = \Delta(V).\beta_n$, $\beta_n = (i/2)^n.\ dz_1 \wedge d\bar{z}_1 \wedge \ldots \wedge dz_n \wedge d\bar{z}_n$, la mesure associée de V. Si $\Delta(V) \not\equiv 0$,

$$m(r) = m(0) + r^{2-2n} \int_{0 < \|a\| < r} d\sigma(a) \tag{4}$$

est une fonction croissante, m(0) étant définie par

$$m(0) = \lim_{r \to 0} r^{2-2n} \int_{0 < \|a\| < r} d\sigma(a).$$

Si m(r) est d'ordre fini, et si le support $S(\sigma)$ de la mesure associée σ ne contient pas l'origine , V peut se représenter par

$$V = H + J_q \tag{5}$$

où H est une fonction pluriharmonique et où J_q satisfait à l'inégalité

$$\max_{\|z\| < r} J_q(z) < A_{n,q}.r^q.[\int_0^r m(t).t^{-q-1}dt + r.\int_r^\infty m(t).t^{-q-2}dt] \tag{6}$$

q désignant le plus petit nombre entier s tel que

$$\int_R^\infty m(r).r^{-q-2}dt$$

est convergente.

Remarque : Une fonction plurisousharmonique est pluriharmonique hors du support $S(\sigma)$ de la mesure associée.

THÉORÈME 3 : Soit V une fonction plurisousharmonique dans C^n telle que le support $S(\sigma)$ de la mesure associée σ ne contient pas l'origine. Si $V(z.u)$, $u \in C^1$, est harmonique de u pour tout z appartenant à un ensemble non polaire, alors V est pluriharmonique.

Démonstration. - On peut poser sans diminuer la généralité $V(0) = 0$.

(a) Le théorème de P.LELONG (1) entraîne que

$$N(z) = (2\pi)^{-1}. \int_0^{2\pi} V(z.e^{i\theta})\, d\theta \equiv 0 \tag{7}$$

et donc

$$N(r) = (1/\omega_{2n-1}) \int_{\|z\|=r} N(z)d\,\omega_{2n-1} = (1/\omega_{2n-1}) \int_{\|z\|=r} V(z)d\omega_{2n-1} \equiv 0\ .$$

(b) Le théorème de GAUSS nous donne

$$m(r) = dN(r)/d \log r \equiv 0 \tag{8}$$

et l'inégalité (6) achève la démonstration.

COROLLAIRE : Soit $S(\sigma)$ le support de la mesure associée σ d'une fonction V plurisousharmonique dans C^n . Alors ou bien V est pluriharmonique, ou bien l'ensemble D_a défini par

$$D_a = \left\{ z \in C^n \mid C^1(a + z.u) \cap S(\sigma) = \emptyset\ ,\ \forall u \in C^1 \right\},\quad \text{a fixé,}$$

ne contient jamais un ouvert non vide dans C^n pour tout $a \in C^n$.

Supposons $\mathring{D}_a$ vide, L'ensemble

$$\mathring{E}_a = \left\{ \zeta \in C^n \mid \zeta = a + z,\ z \in \mathring{D}_a \right\}$$

n'est donc pas polaire et V est pluriharmonique dans $\mathring{E}_a$. Appliquant le théorème 3, V est pluriharmonique.

Remarque : Si V est continue, l'hypothèse que l'origine n'est pas contenue dans le support n'est pas nécessaire. On montre directement la propriété de la moyenne sur une droite complexe quelconque.

6. - Application aux fonctions entières dans C^n.

Soit $F(z) = F(0) + \sum_{k=m}^{\infty} A_k(z)$, $A_m \not\equiv 0$, une fonction entière dans C^n d'ordre fini, où les A_k sont des polynômes homogènes de degré k. Définissons d'après R. NEVANLINNA [1]

$$T(z) = (2\pi)^{-1}. \int_0^{2\pi} \log^+|F(z.e^{i\theta})|d\theta$$

$$N(z) = \begin{cases} 0 \text{ si } F(z.u) \text{ est une constante de } u,\ u \in C^1, \\ \int_0^{\|z\|} [n_z(t) - n_z(0)].t^{-1}dt + n_z(0).\log\|z\| \end{cases}$$

où $n_z(t)$ désigne le nombre de zéros de $F(z.u)$ dans le cercle $|z.u| < t$. En appliquant le premier théorème de R. NEVANLINNA [1], on a :

$$N(z) = \begin{cases} (2\pi)^{-1}\int_0^{2\pi} \log|F(z.e^{i\theta})|d\theta - \log|F(0)| & \text{si } F(0) \neq 0 \\ 0 \text{ si } F(z.u) \equiv 0 \text{ en } u,\ u \in C^1 \\ (2\pi)^{-1}\int_0^{2\pi} \log|F(z.e^{i\theta})|d\theta - w(z) & \text{autrement} \end{cases} \tag{9}$$

où $w(z.u)$, $u \in C^1$, ne dépend pas de u et vaut $\log|A_m(z/\|z\|)|$ pour tous les z hors d'un ensemble polaire.

THÉORÈME 4 : Soit $F(z) = F(0) + \sum_{k=m}^{\infty} A_k(z)$, $A_m \not\equiv 0$, une fonction entière dans C^n d'ordre fini , et désignons par $\{b_{kz}\}_{k=\infty}$ les familles de zéros distincts de l'origine sur les droites $C^1(z.u)$, $z \in C^n - E$, $E = \{z \mid F(z.u) \equiv 0,\ u \in C^1\}$.

(a) F est d'ordre $\rho(r)$ de même genre q et de la même classe (de convergence ou de divergence) par rapport à un nombre positif s sur toutes les droites $C^1(z.u)$ sauf pour des z appartenant à un ensemble négligeable.

(b) $N(z)$ est du même ordre $\sigma(r)$ et de la même classe sur toutes les droites $C^1(z.u)$ hors d'un ensemble négligeable.

(c) Si $\sum_k |b_{kz}|^{-s} < \infty$, $s > 0$, pour des z appartenant à un ensemble non négligeable, $\sum_k |b_{kz}|^{-s}$ est convergente pour tous les $z \in C^n - E$.

(Pour $s > \rho$ on a la convergence et pour $0 < s < \rho$ la divergence) .

(d) Si l'ordre ρ n'est pas entier, $\sum_k |b_{kz}|^{-\rho}$ est convergente si et seulement si F est de la classe de convergence par rapport à ρ.

(e) Si F est du type minimal de l'ordre entier ρ, $\sum_k b_{kz}^{-\rho}$ est convergente pour tous les $z \in C^n - E$.

(f) Si F est du type moyen de l'ordre entier ϱ, $\limsup_{r\to\infty} \left|\sum_{|b_{kz}|\leq r} b_{kz}^{-\varrho}\right| < \infty$ pour tous les $z \in C^n - E$.

Démonstration. -

1) (a) est évident et (b) est une conséquence de la relation (9). On obtient (c) et (d) par (b) et l'intégration partielle

$$\sum_{r_o<\|b_{kz}\|\leq r} |b_{kz}|^{-s} = r^{-s}.n_z(r) - r_o^{-s}.n_z(r_o)+s.r^{-s}.N(\alpha.r) -s.r_o^{-s}.N(\alpha.r_o) + $$
$$+ s^2 . \int_{r_o}^{r} N(\alpha.t).t^{-s-1}dt \;, \quad \alpha = z/\|z\| .$$

2) Si f(u) est une fonction entière dans C^1, d'ordre entier ϱ et d'ordre précisé $\varrho(r)$, f peut se représenter (indépendamment du genre de f) par :

$$f(u) = u^m. \exp(\sum_{k=0}^{\varrho} c_k.u^k) . \prod_{k=1}^{\infty} E(u/b_k, \varrho)$$

où les b_k sont les zéros distincts de l'origine, et où on se sert de la notation de WEIERSTRASS :

$$E(w, \varrho) = (1 - w). \exp(\sum_{k=1} w^k/k).$$

B.-J.LEVIN [1] et A.PFLUGER [1], [2] ont montré que

$$\max[n(r), r^{\varrho}.|c_{\varrho} + \varrho^{-1}. \sum_{|b_k|\leq r} b_k^{-\varrho}|]$$

est d'ordre $\varrho(r)$. De (a), résultent (e) et (f).

COROLLAIRE 1 : Si F est une fonction entière dans C^n ne possédant qu'un nombre fini de zéros pour tout z appartenant à un ensemble non polaire E, il existe un polynôme P_m de degré m et une fonction entière G(z) telles que

$$F(z) = P_m(z) . e^{G(z)}. \qquad *)$$

En effet, à cause du théorème 4 et de la remarque 2 qui suit le théorème 1, N(z) est d'ordre zéro et il existe d'après P.LELONG [4] et [6] une fonction F_o entière dans C^n d'ordre zéro satisfaisant à

$$F_o(z) = F(z) . e^{-G(z)} \quad , G \text{ entière dans } C^n,$$

et $$F_o(z.u) = P_z(u). e^{g_z(u) - G(z.u)} = P_z(u) \quad , z \in E$$

où $P_z(u)$ sont des polynômes de u et $g_z(u)$ des fonctions entières de u,

*) Ce corollaire est une généralisation d'un théorème de P.LELONG [1] et [2] sur les valeurs exceptionnelles de PICCARD.

$u \in C^1$. Le lemme suivant établit l'énoncé.

LEMME : Si F_o est une fonction entière dans C^n, et si $F(z.u)$ sont des polynômes de u, $u \in C^1$, pour tout z appartenant à un ensemble A non polaire, F_o est un polynôme dans C^n.

En effet, si $F_o = \sum_{k=o}^{\infty} A_k$ n'est pas un polynôme, on a

$$A \subset \bigcup_{k=o}^{\infty} D_k$$

où les ensembles

$$D_k = \begin{cases} \emptyset \text{ si } A_k \equiv 0 \\ \{z \in C^n \mid A_k(z) = 0\} \text{ autrement} \end{cases}$$

sont polaires, ce qui contredit l'hypothèse.

DÉFINITION 6. 11. : Nous appellerons "défaut de NEVANLINNA" (resp. "défaut de VALIRON") pour la valeur a d'une fonction entière dans C^n sur une droite $C^1(z.u)$ l'expression suivante

$$\delta_z(a) = \begin{cases} 0, \text{ si } F(z.u) \text{ est une constante de u} \\ 1 - \limsup_{r\to\infty} N_a(z.r)/T(z.r) \text{ autrement} \end{cases}$$

$$(\text{resp. } \Delta_z(a) = \begin{cases} 0, \text{ si } F(z.u) \text{ est une constante de u} \\ 1 - \liminf_{r\to\infty} N_a(z.r)/T(z.r) \text{ autrement} \end{cases}$$

où $N_a(z) = N(z, F - a)$.

COROLLAIRE 2 : Soit F une fonction entière dans C^n d'ordre fini. Si a est une valeur exceptionnelle de BOREL (c'est-à-dire $\delta_z(a) = 1$) pour tout z appartenant à un ensemble non négligeable, on a :

(a) $\Delta_z(a) = 1$ et $\sum_{b \neq a, \infty} \Delta_z(b) = 0$ pour tous les z hors d'un ensemble négligeable.

(b) a est une valeur exceptionnelle de BOREL sur chaque droite $C^1(z.u)$ où $\liminf_{r\to\infty} M(z.r).r^{-\rho(r)}$ est positive.

On obtient (a) en appliquant le théorème 1 aux inégalités

$$L_c(z, N_a, \rho(r)) \leqslant (1 - \delta_z(a)) \cdot L_c(z, T, \rho(r))$$

$$L_c(z, T, \rho(r)) \leqslant (1 - \Delta_z(a))^{-1} \cdot L_c(z, N_a, \rho(r)) ,$$

et (b) est une conséquence de

$$(1 - \delta_z(a)) \leqslant L_c(z, N_a, \rho(r)) \cdot \operatorname{Lim\,sup}_{r\to\infty} r^{\rho(r)}/T(z.r) = 0 .$$

Remarques :

1) On peut donner des exemples de fonctions entières telles que pour chaque valeur [0, 1] il existe une droite $C^1(z.u)$ telle que $\delta_z(a)$ = (cf. W.HENGARTNER [1]).

2) Le corollaire 2 ne se généralise pas pour des défauts $\delta_z(a) = d < 1$ (cf. exemples W.HENGARTNER [1]).

BIBLIOGRAPHIE

[1] LELONG (P.) . - Sur quelques problèmes de la théorie des fonctions de deux variables complexes. Ann. Sc. Ec. Norm. Sup., t. 58, 1941.

[2] LELONG (P.) . - Sur les valeurs lacunaires d'une relation à deux variables complexes. Bull. des Sc. Math., t. 66, 1942.

[3] LELONG (P.) . - Les fonctions plurisousharmoniques. Ann. Sc. Ec. Norm. Sup., t. 62, 1945.

[4] LELONG (P.) . - Fonctions entières (n variables) et fonctions plurisousharmoniques d'ordre fini dans C^n. Journ. d'Anal. Math., t. 12, 1964.

[5] LELONG (P.) . - Fonctions entières de type exponentiel dans C^n. Ann. de l'Institut Fourier, t. 16, 1966.

[6] LELONG (P.) . - Cours d'été de Montréal, 1967, à paraître.

[7] LEVIN (B.-J.) . - Nullstellenverteilung ganzer Funktionen A-V-B., 1962.

[8] NEVANLINNA (R.) . - Eindeutige analytische Funktionen, Springer, Berlin, 1936.

[9] PFLUGER (A.) . - Ueber ganze Funktionen ganzer Ordnung. Comm. Math. Helv., t. 18, 1946.

[10] PFLUGER (A.) . - Zur Defektrelation ganzer Funktionen endlicher Ordnung. Comm. Math. Helv., t. 19, 1946.

[11] VALIRON (G.) . - Fonctions entières d'ordre fini et fonctions méromorphes. L'enseignement math., Genève, 1960.

[12] HENGARTNER (W.) . - Propriétés des restrictions d'une fonctions plurisousharmonique ou entière dans C^n d'ordre fini aux droites complexes $C^1(z.u)$. Comm. Math. Helv., à paraître.

Séminaire P.LELONG
(Analyse)
8e année, 1967/68. 21 Février 1968

VARIÉTÉS ALGÉBRIQUES STRICTEMENT Q-PSEUDOCONVEXES

par François N O R G U E T

1. Introduction . En 1955 , Rothstein ((9), voir aussi (5)) généralise la convexité holomorphe : la q-convexité (convexité par rapport aux systèmes de n-q fonctions holomorphes) lui permet d'établir des théorèmes de prolongement d'ensembles analytiques . En 1962 , Andreotti et Grauert (2) utilisent la notion de fonction fortement q-pseudoconvexe (qui généralise celle de fonction fortement plurisousharmonique) pour définir les espaces analytiques complexes fortement q-pseudoconvexes (resp. pseudoconcaves) ; pour la cohomologie de ces espaces , ils établissent des théorèmes de finitude généralisant le théorème B classique .

Andreotti et Norguet (3) prolongent ces travaux en étendant la solution du problème de Levi et la relation entre convexité holomorphe et pseudoconvexité . La pseudoconvexité est remplacée par la q-pseudoconvexité ; les points , par les sous-ensembles analytiques compacts de dimension complexe q ; les fonctions holomorphes sur une variété , par les formes différentielles d"-fermées de type (q,q) ; la valeur d'une fonction en un point , par l'intégrale d'une telle forme sur un tel sous-ensemble . Cette intégrale ne dépendant que de la classe de d"-cohomologie de la forme , l'espace vectoriel $H^o(X,0)$ des fonctions holomorphes dans une variété X est naturellement remplacé (vu le théorème de Dolbeault) par l'espace vectoriel $H^q(X,\Omega^q)$ où Ω^q est le faisceau des germes de formes différentielles holomorphes de degré q ; plus généralement , si X est un espace analytique complexe , $H^o(X,0)$ peut être remplacé par $H^q(X,F)$ où F est un faisceau analytique cohérent .

Les résultats obtenus sont ensuite exprimés (4) comme théorèmes concernant l'espace analytique $C_q^+(X)$ des éléments à coefficients positifs du groupe abélien libre engendré par les sous-ensembles analytiques compacts de dimension q de X .

2. <u>L'espace des cycles</u> . La première tâche est la définition de cet espace analytique ; elle n'a d'intérêt que si cet espace est suffisamment riche (sinon , on espère trouver une généralisation adéquate de la notion de sous-ensemble analytique complexe compact) ; on suppose donc que X est un ouvert d'un espace algébrique projectif de dimension complexe n ; une méthode de Cayley , utilisée par Chow et Van der Waerden (voir (6)) , identifie (non canoniquement) $C_q^+(X)$ à un ouvert d'un sous-ensemble algébrique d'un espace projectif P ; on munit $C_q^+(X)$ de la structure analytique obtenue en normalisant faiblement (au sens de (4)) celle induite par P ; l'espace analytique $C_q^+(X)$ reste algébrique , et (à un isomorphisme analytique près) ne dépend pas de la réalisation projective de $C_q^+(X)$; pour utiliser les formes différentielles , on suppose que X est une variété .

A toute forme différentielle continue φ , de type (q,q) , dans X , on associe la fonction F_φ , définie dans $C_q^+(X)$ par

$$F_\varphi (c) = \int_c \varphi \qquad \text{pour tout} \quad c \in C_q^+(X) .$$

THÉORÈME 1 . i) <u>F_φ est continue</u> ; ii) <u>si φ est réelle , deux fois continûment différentiable et vérifie</u> $\frac{i}{\pi} d'd''\varphi \geqslant 0$ (<u>au sens de</u> (8)) , <u>F_φ est plurisousharmonique</u> ; iii) <u>si φ est indéfiniment différentiable et d"-fermée</u> , <u>F_φ est holomorphe</u> .

De la dernière assertion , résulte une application linéaire

$$\rho \ : \ H^q(X, \Omega^q) \longrightarrow H^o(C_q^+(X), O) \qquad ;$$

tout élément f de l'image de ρ vérifie évidemment la relation

$$f(c_1+c_2) = f(c_1) + f(c_2) \qquad ;$$

soit $A_q(X)$ la sous-algèbre de $H^o(C_q^+(X),O)$ engendrée par l'image de ρ et les constantes .

3. <u>L'image de</u> ρ . L'étude de ρ n'a d'intérêt que si $H^q(X,\Omega^q)$ est assez riche ce qu'assure l'hypothèse , de q-pseudoconvexité stricte , suivante .

On suppose qu'il existe un compact K de X , une fonction φ à valeurs réelles , indéfiniment différentiable dans X , et une suite croissante et divergente $(r_m)_{m\in\mathbb{N}}$ de nombres réels , vérifiant les conditions :

i) en tout point de X-K , la forme de Levi $L(\varphi)$ de φ a au moins n-q valeurs propres > 0 ;

ii) pour tout $m \in \mathbb{N}$, $X_m=\{x; x\in X \ , \ \varphi(x)<r_m\}$ est relativement compact dans X

iii) pour tout $m\in\mathbb{N}$, et tout hyperplan complexe T tangent au bord de X_m , la restriction de $L(\varphi)$ à T possède q valeurs propres <0 .

Sous ces hypothèses , on a :

THÉORÈME 2 . *L'espace analytique* $C_q^+(X)$ *est holomorphiquement convexe . Si , de plus ,* $H^{q+1}(X,F)=0$ *pour tout faisceau analytique cohérent* F *(en particulier si* X *est* q-*complet (c'est-à-dire si l'on peut prendre* $K=\emptyset$ *dans les hypothèses ci-dessus)), alors* $A_q(X)$ *sépare les points de* $C_q^+(X)$ *et* $C_q^+(X)$ *est holomorphiquement complet .*

C'est l'expression cherchée , extraite de (4) , des résultats de (3) ; on l'établit , en particulier grâce à un passage à la limite (à l'aide d'un théorème du type de Runge) de domaines croissants ; l'hypothèse de la seconde partie est vérifiée par le complémentaire Z relativement à $\mathbb{P}_n(\mathbb{C})$ d'une sous-variété linéaire projective de dimension n-q-1 ; la conclusion finale est vraie pour l'intersection de Z et d'un sous-espace algébrique de $\mathbb{P}_n(\mathbb{C})$.

4. <u>Le noyau de</u> ρ . La différentielle d' induit une application

$$\delta \ : \quad H^q(X,\Omega^{q-1}) \longrightarrow H^q(X,\Omega^q) \quad ;$$

la relation $\rho\circ\delta=0$ suggère l'étude du quotient du noyau de ρ par l'image de δ Le théorème suivant est un résultat inédit d'Andreotti et Norguet .

THÉORÈME 3 . *Soit X le complémentaire , dans une variété algébrique projective compacte Y de dimension n , d'une sous-variété S , intersection complète , de dimension n-q-1 . Le quotient du noyau de ρ par l'image de δ est de dimension finie .*

Soit en effet ξ un élément de $H^q(X, \Omega^q)$ tel que

$$\sup_{c \in \Sigma} \left| \int_c \xi \right| < +\infty$$

pour toute partie Σ de $C_q^+(X)$ telle que

$$\sup_{c \in \Sigma} \operatorname{vol} c < +\infty$$

pour toute métrique hermitienne sur Y . Un calcul explicite montre que tout point de S possède un voisinage U tel que $\xi|_{U-S\cap U}$, représentable a priori par une cochaîne de Čech qui est une forme holomorphe de degré q , le soit même par une forme holomorphe fermée ; autrement dit , pour un tel voisinage U , $\xi|_{U-S\cap U}$ est dans l'image de l'application naturelle

$$H^q(U-S\cap U, Z^q) \longrightarrow H^q(U-S\cap U, \Omega^q) \quad ,$$

Z^q désignant le faisceau des germes de formes différentielles holomorphes fermées de degré q . Autrement dit encore , $\xi \in \alpha^{-1}(\mathrm{Im}\ j)$, selon les notations du diagramme

$$\begin{array}{ccccccc}
 & & & & 0 & & \\
 & & & & \downarrow & & \\
 & & H^q(X, Z^q) & \longrightarrow & H^o(Y, \mathcal{H}^q_X(Z^q)) & \longrightarrow & H^{q+1}(Y, Z^q) \\
 & & \downarrow & & \downarrow j & & \\
0 \longrightarrow & H^q(Y, \Omega^q) \longrightarrow & H^q(X, \Omega^q) & \xrightarrow{\alpha} & H^o(Y, \mathcal{H}^q_X(\Omega^q)) & &
\end{array}$$

dont les lignes sont des suites exactes de cohomologie à support dans S (voir (7)) . De ce diagramme résulte la suite exacte

$$H^q(X, Z^q) \oplus H^q(Y, \Omega^q) \longrightarrow \alpha^{-1}(\mathrm{Im}\ j) \longrightarrow H^{q+1}(Y, Z^q)$$

qui , compte-tenu de théorèmes de finitude connus et de l'exactitude de la suite

$$H^q(X,\Omega^{q-1}) \longrightarrow H^q(X,Z^q) \longrightarrow H^{q+1}(X,Z^{q-1}) \quad ,$$

établit le théorème .

L'image de δ est constituée par les classes de d"-cohomologie des formes différentielles $\varphi = d'\psi + d''\theta$, de type (q,q) , indéfiniment différentiables dans X , et d"-fermées . Les résultats obtenus suggèrent de substituer à l'espace vectoriel $H^q(X,\Omega^q)$, dans l'étude ci-dessus , le quotient de l'espace vectoriel de formes différentielles d'd"-fermées de type (q,q) par le sous-espace de celles qui s'écrivent sous la forme $d'\psi + d''\theta$; ce quotient a été étudié par Aeppli (1) dans le cas des variétés de Stein .

BIBLIOGRAPHIE

(1) A. AEPPLI . On the cohomology structure of Stein manifolds . Proceedings of th conference on complex analysis , Minneapolis 1964 , Springer-Verlag 1965 , p. 58-70 .

(2) A. ANDREOTTI et H. GRAUERT . Théorèmes de finitude pour la cohomologie des espaces complexes . Bull. Soc. Math. France 90 , 1962 , p. 193-259 .

(3) A. ANDREOTTI et F. NORGUET . Problème de Levi et convexité holomorphe pour les classes de cohomologie . Ann. Sc. Norm. Sup. Pisa III , 20 , 1966 , p. 197-241

(4) A. ANDREOTTI et F. NORGUET . La convexité holomorphe dans l'espace analytique cycles d'une variété algébrique . Ann. Sc. Norm. Sup. Pisa 21 , 1967 , p. 31-8

(5) F. BRUHAT . Prolongement des sous-variétés analytiques (d'après W. Rothstein Séminaire Bourbaki , Décembre 1955 , n° 122 , 11p.

(6) W. V. D. HODGE et D. PEDOE . Methods of algebraic geometry . Cambridge University Press , 1952 .

(7) A. GROTHENDIECK . Séminaire de géométrie algébrique , 1962 , Fasc. 1 , Exposé 13p. , I. H. E. S.

(8) P. LELONG . Eléments positifs d'une algèbre extérieure complexe avec involutio Séminaire P. Lelong , 4 , 1962 , Exposé 1 , 22p.

(9) W. ROTHSTEIN . Zur Theorie des analytischen Mannigfaltigkeiten im Raume von n komplexen Veränderlichen . Math. Ann. 129 , 1955 , p. 96-138 .

Séminaire P. LELONG
(Analyse)
8e année, 1967/68

28 Février 1968

Sur les modules topologiques

par J.-L. CATHELINEAU

L'exposé qui suit a son origine dans une note de L. NACHBIN ([5]) dont voici schématiquement le contenu ; on peut caractériser deux classes $\mathcal{A}_1$ et $\mathcal{A}_2$ d'espaces topologiques complètement réguliers (resp. les t-espaces et les Q-espaces cf § 4 et appendice) telles que : l'espace $\mathcal{C}(B)$ des fonctions numériques continues sur un espace topologique complètement régulier B, muni de la topologie de la convergence compacte, est tonnelé si et seulement si $B \in \mathcal{A}_1$, et bornologique si et seulement si $B \in \mathcal{A}_2$. Les six paragraphes qui constituent le principal de notre développement sont nés du résultat relatif au cas tonnelé ; quant à l'appendice, il prolonge le second résultat de cette note relatif au cas bornologique.

Dans toute la suite $\mathbb{K}$ désigne indifféremment $\mathbb{R}$ ou $\mathbb{C}$ et B est un espace complètement régulier ; $\mathcal{C}(B\, ;\mathbb{K})$ est l'algèbre des applications continues de B dans $\mathbb{K}$ munie de la topologie de la convergence compacte, autrement dit de la topologie définie par les semi-normes $\| \ \|_K : f \longmapsto \|f\|_K = \sup_{t\in K} |f(t)|$, où K décrit les compacts de B. On note 1 l'application constante égale à 1. Tous les espaces vectoriels topologiques qui interviennent sont supposés séparés. Enfin on rappelle que si B est un espace complètement régulier on a la propriété suivante : soient dans B un fermé F et un compact K disjoints, alors il existe une fonction continue f de B dans $[0, 1]$ telle que $f|_F = 0$ et $f|_K = 1$.

§ 1. PLANEURS, SUPPORT d'un ÉLÉMENT d'un PLANEUR

***

<u>Définition 1.1</u> :

On appelle <u>B-planeur</u> un $\mathbb{K}$-espace vectoriel topologique localement convexe E qui est muni d'une structure de module unitaire sur $\mathcal{C}(B\, ;\mathbb{K})$, l'opération :

$$\begin{aligned} \mathcal{C}(B\, ;\mathbb{K}) \times E &\longrightarrow E \\ (f, \xi) &\longmapsto f\xi \end{aligned}$$

étant continue.

Nous commençons par définir une notion de support pour les éléments d'un B-planeur E dans le but de traduire la structure de E à l'aide de sous-espaces de B (Cf. prop. 1.4) ; pour cela nous notons d'abord la propriété suivante qui établit une correspondance bijective entre les idéaux fermés de $\mathcal{C}(B ; \mathbb{K})$ et les fermés de B .

Proposition 1.2 :

Soit B un espace topologique complètement régulier ; pour tout idéal fermé I de $\mathcal{C}(B ; \mathbb{K})$, il existe un fermé $F_I \subset B$ et un seul tel que I soit l'ensemble des fonctions nulles sur F_I .

Soit ξ un élément d'un B-planeur E , l'ensemble Ann ξ des éléments $f \in \mathcal{C}(B ; \mathbb{K})$ tels que $f\xi = 0$ est d'après la définition 1.1 un idéal fermé de $\mathcal{C}(B ; \mathbb{K})$; il existe donc d'après la proposition 1.2 un fermé $F_\xi \subset B$ et un seul tel que Ann ξ soit l'ensemble des éléments de $\mathcal{C}(B ; \mathbb{K})$ qui s'annulent sur F_ξ ; autrement dit, il existe pour tout $\xi \in E$ un fermé F_ξ de B et un seul tel que : $f\xi = 0 \iff f|_{F_\xi} = 0$.

Définition 1.3 :

On appelle support d'un élément ξ d'un B-planeur E le fermé F_ξ de B , qui vient d'être précisé ; on posera :

$$\text{supp}\ \xi = F_\xi$$

La proposition suivante intervient au § 3 pour définir E_M .

Proposition 1.4 :

Soient ξ et η deux éléments d'un B-planeur E ; alors :

a) $\text{supp}\ \xi = \emptyset \iff \xi = 0$;

b) $\text{supp}\ (\xi + \eta) \subset \text{supp}\ \xi \cup \text{supp}\ \eta$;

c) $\text{supp}\ f\xi = \overline{\{t ; t \in \text{supp}\ \xi \text{ et } f(t) \neq 0\}}$;

en particulier, si λ est une constante non nulle, on a : $\text{supp}\ \lambda\xi = \text{supp}\ \xi$

Exemples de planeurs :

$\mathcal{C}(B ; \mathbb{K})$ est de manière évidente un B-planeur ; voici un autre exemple un peu moins trivial :

Soit B un espace localement compact et $\mathcal{M}(B)$ l'espace des mesures sur B muni de la topologie forte (cf. BOURBAKI [1] chap. III § 2 exercice 4) ; pour cette topologie $\mathcal{M}(B)$ est un espace localement convexe séparé et même complet et l'application

$$\begin{aligned} \mathcal{C}(B\,;\mathbb{R}) \times \mathcal{M}(B) &\longrightarrow \mathcal{M}(B) \\ (f, \mu) &\longmapsto f\mu \end{aligned}$$

est continue ; $\mathcal{M}(B)$ muni de cette topologie est donc un B-planeur. Remarquons de plus que pour une mesure μ, le support en tant que mesure et le support en tant qu'élément du planeur $\mathcal{M}(B)$ (cf. déf. 1.3) sont identiques d'après le corollaire de la proposition 10 de [1] chap. III § 3.

On verra d'autres exemples au § 6.

§ 2. SPECTRES d'un B-PLANEUR

***

Soit E un espace vectoriel topologique localement convexe, par <u>spectre</u> ou <u>spectre continu</u> de E, nous entendons l'ensemble des semi-normes continues sur E et par <u>spectre tonnelé</u> l'ensemble des semi-normes sur E qui sont enveloppes supérieures de semi-normes continues sur E. Nous noterons respectivement ces deux spectres : spec E et spec_t E (il est évident que : spec E $\subset$ spec_t E). Pour un B-planeur E, les spectres seront les spectres de E pour sa structure d'espace vectoriel topologique localement convexe.

Soit σ une semi-norme sur un B-planeur E, <u>un fermé</u> F <u>de</u> B <u>sera dit porteur de</u> σ si <u>pour tout élément</u> $\xi \in E$ <u>on a</u> :

$$\mathrm{supp}\, \xi \cap F = \emptyset \Longrightarrow \sigma(\xi) = 0\,.$$

On dit qu'une semi-norme σ sur un B-planeur E <u>est à support</u> si elle admet un plus petit porteur. Ce plus petit porteur est appelé <u>support</u> de σ et noté supp σ. Une forme linéaire φ sur E sera dite à support si la semi-norme $|\varphi|$ l'est et on notera supp φ le support de $|\varphi|$.

<u>Proposition 2.1</u> :

<u>Toute semi-norme continue</u> σ <u>sur un B-planeur</u> E <u>est à support compact</u>.

Nous démontrerons seulement ici que toute semi-norme continue sur un B-planeur E admet un porteur compact.

L'application : $\mathscr{C}(B\ ;\mathbb{K}) \times E \longrightarrow E$ étant bilinéaire et continue, il existe un compact K de B, une semi-norme σ' continue sur E et une constante $k > 0$ tels que, quels que soient $f \in \mathscr{C}(B\ ;\mathbb{K})$ et $\xi \in E$, on ait :

(1) $$\sigma(f\,\xi) \leq k \| f \|_K \,\sigma'(\xi) \quad ;$$

d'autre part, si f est une fonction $\in \mathscr{C}(B\ ;K)$ prenant la valeur 1 sur $\operatorname{supp} \xi$, alors :

$$f\,\xi = \xi \quad ;$$

en effet $(1 - f)$ s'annule sur $\operatorname{supp} \xi$, d'où par définition du support :

$$(1 - f)\,\xi = 0 \quad ;$$

soit alors ξ un élément de E tel que $\operatorname{supp} \xi \cap K = \emptyset$; il existe $h \in \mathscr{C}(B\ ;\mathbb{K})$ tel que $h|_K = 0$ et $h|_{\operatorname{supp} \xi} = 1$; h est par suite tel que $h\,\xi = \xi$ et $\| h \|_K = 0$; il résulte donc de l'inégalité (1) que $\sigma(\xi) = 0$; σ admet donc pour porteur le compact K.

Corollaire 2.2 :

Soit E un B-planeur, toute semi-norme de $\operatorname{spec}_t E$ est à support.

Ceci résulte du fait que toute semi-norme enveloppe supérieure de semi-normes à support est à support.

On désigne par spectre infratonnelé de E, l'ensemble $\operatorname{spec}_i E$ des semi-normes de $\operatorname{spec}_t E$ qui sont bornées sur toute partie bornée de E. D'après le théorème de Hahn-Banach, E est tonnelé si et seulement si $\operatorname{spec} E = \operatorname{spec}_t E$ et infratonnelé si et seulement si $\operatorname{spec} E = \operatorname{spec}_i E$.

§ 3. ESPACES AUXILIAIRES

***

Soit E un B-planeur et M un sous-ensemble de B ; d'après la proposition 1.4, $E_M = \{ \xi \ ;\ \xi \in E \text{ et } \operatorname{supp} \xi \subset \complement M \}$ est un sous-espace vectoriel de E ;

nous appellerons <u>espace auxiliaire d'indice</u> M de E , l'espace vectoriel topologique localement convexe séparé $E(M) = E/\overline{E_M}$; Φ_M désignera l'application canonique de E sur $E(M)$.

Nous considérons par la suite le cas où M est compact ou ouvert.

<u>Espaces auxiliaires d'indice compact</u>.

Si $K \subset K'$, alors $E_{K'} \subset E_K$ soit $\overline{E}_{K'} \subset \overline{E}_K$; il en résulte pour tout couple (K , K') de compacts de B tels que $K \subset K'$, l'existence d'une application linéaire continue canonique :

$$\Phi_K^{K'} : E(K') \longrightarrow E(K) \quad ;$$

de plus pour $K \subset K' \subset K''$, on a :

$$\Phi_K^{K''} = \Phi_K^{K'} \circ \Phi_{K'}^{K''} \quad ;$$

$(E(K) , \Phi_K^{K'})$ constitue donc un système projectif d'espaces vectoriels topologiques.

On a la propriété suivante :

<u>Proposition 3.1</u> :

<u>Si $\hat{E}$ désigne le complété de E</u> :

$$\hat{E} = \varprojlim \widehat{E(K)}$$

Pour cela, on montre que E s'identifie à un sous-espace partout dense de $\varprojlim \widehat{E(K)}$. Soit Φ l'application de E dans $\varprojlim \widehat{E(K)}$ telle que pour tout K le diagramme :

$$\begin{array}{ccccc} & & \varprojlim \widehat{E(K)} & & \\ & \overset{\Phi}{\nearrow} & & \overset{\Phi_K}{\searrow} & \\ E & & \xrightarrow[\hat{\Phi}_K]{} & & \widehat{E(K)} \end{array}$$

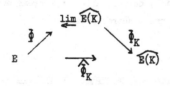

soit commutatif ; cette application existe et est continue d'après la propriété universelle de $\varprojlim \widehat{E(K)}$; elle est injective car si pour tout K , $\hat{\Phi}_K(\xi) = 0$, il résulte de la proposition 2.1. que quel que soit $\sigma \in$ spec E, on a $\sigma(\xi) = 0$, ce qui entraîne $\xi = 0$ car E est séparé ; il résulte aussi de la proposition 2.1. que ϕ est bicontinu sur son image. Montrons enfin que $\phi(E)$ est partout dense dans $\varprojlim \widehat{E(K)}$; soit $\eta \in \varprojlim \widehat{E(K)}$, σ une semi-norme continue sur $\varprojlim \widehat{E(K)}$ et $\varepsilon > 0$ arbitraire, σ s'écrit $\sigma' \circ \overline{\Phi}_K$ où σ' appartient à spec $\widehat{E(K)}$; soit alors $\xi \in E$ tel que $\sigma'(\widehat{\Phi}_K(\xi) - \overline{\Phi}_K(\eta)) \leq \varepsilon$ on a :

$$\sigma(\Phi(\xi) - \eta) = \sigma' \circ \overline{\Phi}_K(\Phi(\xi) - \eta) \leq \varepsilon \quad ;$$

ceci étant valable pour tout ε , le résultat en découle.

Espaces auxiliaires d'indice ouvert :

Notons que pour tout ouvert $U \subset B$, E_U est un sous-espace vectoriel fermé de E . Si on a $U \subset U'$, alors $E_{U'} \subset E_U$, d'où l'existence de morphismes de restrictions :

$$\rho_U^{U'} : E(U') \longrightarrow E(U)$$

(on notera ρ_U^B simplement par ρ_U) tels que, pour $U \subset U' \subset U''$, $\rho_U^{U''} = \rho_U^{U'} \circ \rho_{U'}^{U''}$; les $E(U)$ munis des morphismes de restrictions $\rho_U^{U'}$ forment un préfaisceau d'espaces vectoriels topologiques $\mathcal{F}_E$.

Le préfaisceau $\mathcal{F}_E$ associé à un B-planeur E vérifie le premier axiome des faisceaux (axiome assurant l'égalité de deux sections au-dessus d'un ouvert qui coïncident localement dans cet ouvert cf. [3]).

On dira d'un B-planeur E qu'il est plein si $\mathcal{F}_E$ vérifie l'axiome de recollement pour les recouvrements ouverts de B tout entier.

Exemple :

Le planeur $\mathcal{M}(B)$ du § 1 est plein ; cela résulte du théorème de recollement des mesures. La proposition qui suit donne d'autres exemples.

Proposition 3.2 :

Tout planeur complet E sur un espace paracompact B est plein. Tout planeur E sur un espace compact est plein.

On peut se ramener au cas d'un recouvrement ouvert localement fini $(U_i)_{i \in I}$ de B et d'une famille $(\xi_i)_{i \in I}$ d'éléments $\xi_i \in E(U_i)$ qui se recollent ;

soient alors pour tout i, un élément $\xi_i \in E$ tel que $\rho_{U_i}(\xi_i) = \bar{\bar{\xi}}_i$ et $(f_i)_{i \in I}$ une partition continue de l'unité subordonnée à $(U_i)_{i \in I}$, la famille $(f_i \xi_i)_{i \in I}$ est sommable dans E : en effet , E étant complet, il suffit de vérifier le critère de Cauchy pour toute semi-norme de spec E ; si σ est une telle semi-norme, on sait qu'elle est à support compact, par suite supp σ ne rencontre qu'une sous-famille finie $(U_i)_{i \in F}$ d'ouverts du recouvrement $(U_i)_{i \in I}$; si H est une partie finie de I telle que $H \cap F = \emptyset$, on a :

$$\sigma\left(\sum_{i \in H} f_i \ \xi_i\right) = 0 \quad ;$$

car pour tout $i \notin F$: supp $f_i \xi_i \cap$ supp $\sigma = \emptyset$; le critère de Cauchy est donc vérifié pour σ , par suite $(f_i \xi_i)_{i \in I}$ est sommable dans E . Désignons par $\xi = \sum_{i \in I} f_i \ \xi_i$ la somme de cette famille, on termine en montrant que la restriction de ξ à tout U_i est précisément $\bar{\xi}_i$. On montre aussi la propriété suivante qui permet de traduire de manière locale certaines propriétés des B-planeurs.

Proposition 3.3 :

Soient E un planeur sur un espace complètement régulier B et $(U_i)_{i \in I}$ un recouvrement ouvert de B ; considérons l'application ρ suivante :

$$\prod_{i \in I} \rho_{U_i} : E \longrightarrow \prod_{i \in I} E(U_i)$$

et l'application $\rho' : E \longrightarrow \rho(E)$ obtenue à partir de ρ en restreignant le but ; ρ' est un isomorphisme d'espaces vectoriels topologiques ; si de plus E est plein, $\rho(E)$ est fermé dans $\prod_{i \in I} E(U_i)$.

Soient E un B-planeur et (P) une propriété d'espaces vectoriels topologiques, nous dirons que E vérifie (P) localement si, quel que soit $x \in B$, il existe un voisinage ouvert U_x de x dans B tel que $E(U_x)$ vérifie (P).

Corollaire 3.4 :

Tout B-planeur E plein et localement complet (resp. localement quasi-complet) est complet (resp. quasi-complet).

§ 4 CRITERES DE COMPACITES pour les SUPPORTS des SEMI-NORMES DES SPECTRES

***

Nous définissons deux classes d'espaces topologiques qui, comme on le verra dans les deux énoncés qui suivent, sont naturellement associées aux spectres : $spec_i$ et $spec_t$. Nous dirons d'un espace complètement régulier B qu'il est un t-espace si pour tout fermé F non compact de B il existe une fonction numérique continue sur B qui n'est pas bornée sur F (cf. [5]). De même un espace complètement régulier B sera un i-espace si pour tout fermé F non compact de B on peut trouver une fonction numérique semi-continue inférieurement, positive, bornée sur tout compact et non bornée sur F (cf. [7]).

Les deux propositions qui suivent donnent des critères de compacité pour les supports des semi-normes des spectres.

Proposition 4.1 :

Soit B un t-espace, si E est un B-planeur plein, alors toute semi-norme de $spec_t$ E est à support compact.

Proposition 4.2 :

Soit B un i-espace, si E est un B-planeur, toute semi-norme de $spec_i$ E est à support compact.

§ 6. APPLICATION au CARACTERE COMPACT ou LOCAL de CERTAINES PROPRIETES des PLANEURS

***

Nous appliquons les résultats qui précèdent à la caractérisation de certaines propriétés des planeurs.

a) Caractère compact :

Théorème 5.1 :

Soit E un planeur plein sur un t-espace B, pour que E soit tonnelé il faut et il suffit que, pour tout compact K de B, $E(K)$ soit tonnelé.

C'est une conséquence directe de la proposition 4.1 ; pour la suffisance, il faut montrer que $\operatorname{spec} E = \operatorname{spec}_t E$; soit $\sigma \in \operatorname{spec}_t E$, d'après la proposition 4.1, σ a un support compact K et on montre facilement que la semi-norme quotient $\Phi_K^*(\sigma)$ de σ sur $E(K)$ est un élément de $\operatorname{spec}_t E(K)$; si $E(K)$ est tonnelé, $\Phi_K^*(\sigma)$ est donc continue sur $E(K)$, par suite $\sigma = \Phi_K^*(\sigma) \circ \Phi_K$ est aussi continue sur E et appartient à $\operatorname{spec} E$, ce qui montre bien l'égalité de $\operatorname{spec} E$ et $\operatorname{spec}_t E$. Comme tout quotient d'un espace tonnelé est tonnelé la nécessité est évidente.

En utilisant la proposition 4.2, on démontre de même le résultat suivant :

Théorème 5.2 :

Soit E un planeur sur un i-espace B pour que E soit infratonnelé il faut et il suffit que les $E(K)$ le soient.

b) Caractère local :

Théorème 5.3 :

Soit E un B-planeur plein sur un t-espace, pour que E soit tonnelé, il faut et il suffit qu'il le soit localement.

Supposons E localement tonnelé et pour tout $x \in B$, soit U_x un voisinage ouvert de x tel que $E(U_x)$ soit tonnelé ; soit σ une semi-norme de $\operatorname{spec}_t E$, d'après la proposition 4.1, $\operatorname{supp} \sigma$ est compact ; il existe donc un recouvrement fini $\left(U_{x_k}\right)_{k=1,\ldots,n}$ de $\operatorname{supp}\sigma$ par les U_x et on peut trouver n fonctions continues f_k telles que le support de f_k soit contenu dans U_k et que l'on ait $\sum_{k=1}^{n} f_k(x) = 1$ dans un voisinage de $\operatorname{supp} \sigma$; on peut montrer qu'on a alors :

$$\sigma \leqslant \sum_{k=1}^{n} f_k \sigma$$

(où $f_k\sigma$ désigne la semi-norme : $\xi \longmapsto \sigma(f_k \xi)$) ;
pour prouver que σ est continue, il suffit donc de montrer que pour $k = 1, \ldots, n$, $f_k \sigma$ est une semi-norme continue sur E ; on montre d'autre part que $\operatorname{supp} f_k\sigma \subset U_k$, ce qui entraîne pour la semi-norme quotient $(f_k\sigma)^*$ de $f_k\sigma$ sur $E(U_{x_k})$,

l'égalité : $(f_k \sigma)^* \circ \rho_{U_k} = f_k \sigma$; comme $f_k \sigma$ est en fait dans $\mathrm{spec}_t\, E$, on voit que $(f_k \sigma)^*$ est dans $\mathrm{spec}_t\, E(U_k)$; mais $E(U_k)$ est tonnelé, par suite $(f_k \sigma)^*$ est continue sur $E(U_k)$ et finalement $f_k \sigma = (f_k \sigma)^* \circ \rho_{U_k}$ est continue sur E .

On utilise de même la proposition 4.2. pour montrer :

Théorème 5.4 :

Soit E un B-planeur sur un i-espace pour que E soit infratonnelé il faut et il suffit qu'il le soit localement.

Autre résultat de nature locale utilisant la proposition 3.3. et le théorème 5.4.

Proposition 5.5 :

Soit E un B-planeur plein sur un i-espace, si E est localement réflexif (resp. localement un espace de Montel) alors E est réflexif (resp. un espace de Montel).

Remarque :

Le fait qu'un produit d'espaces tonnelés (resp. infratonnelés), soit tonnelé (resp. infratonnelé) est une conséquence tout à fait triviale des théorèmes 5.1 ou 5.3 (resp. 5.2 ou 5.4).

Voici quelques propriétés des planeurs sur les espaces localement compacts.

a) Soit E un B-planeur (où B est localement compact), on désigne par $\mathcal{K}E$ le sous-espace de E constitué par les éléments de E à support compact, $\mathcal{K}E$ est partout dense dans E .

b) Soit E un planeur plein sur un espace localement compact B ; on a $E = \varprojlim E(K)$.

c) Soit E un B-planeur plein sur un espace localement compact B ; si pour tout compact K de B , E(K) est complet, alors E est aussi complet.

d) Soit E un B-planeur sur un espace localement compact réunion dénombrable de compacts ; pour que E soit de Fréchet, il faut et il suffit que E soit plein et que les E(K) soient de Fréchet.

e) Soit E un B-planeur plein sur un i-espace localement compact ; si pour tout compact K de B , E(K) est réflexif (resp. un espace de Montel), alors E est réflexif (resp. un espace de Montel).

§ 6 CHAMPS CONTINUS d'ESPACES de FRECHET

***

Soit $(E(t))_{t \in B}$ une famille d'espaces de Fréchet, on appelle champ de vecteurs tout élément de $\prod_{t \in B} E(t)$, c'est-à-dire toute fonction ξ définie sur B et telle que $\xi(t) \in E(t)$ pour tout $t \in B$. Par couple de Fréchet $(E, \mathcal{N})$ ou simplement E on désigne la donnée d'un espace de Fréchet E et d'une famille dénombrable croissante de semi-normes (non nulles si $E \neq 0$) $\mathcal{N} = (\| \ \|^n)_n$ définissant la topologie de E . La notion que nous introduisons maintenant est de A. et C. IONESCU-TULCEA (cf. [4]).

Définition 6.1 :

Un champ continu $\mathcal{E} = ((E(t))_{t \in B}, \Gamma)$ d'espaces de Fréchet sur l'espace topologique B est une famille $(E(t))_{t \in B}$ de couples de Fréchet sur $\mathbb{K}$, munie d'un ensemble $\Gamma \subset \prod_{t \in B} E(t)$ de champs de vecteurs, tel que :

(1) Γ est un sous- $\mathcal{C}(B ; \mathbb{K})$-module de $\prod_{t \in B} E(t)$;

(2) pour tout $t \in B$ et tout $x \in E(t)$, il existe $\xi \in \Gamma$ tel que $\xi(t) = x$;

(3) pour tout $\xi \in \Gamma$ et tout n , la fonction :

$$\|\xi\|^n : t \longrightarrow \|\xi(t)\|^n$$

est continue ;

(4) si un champ de vecteurs $\xi \in \prod_{t \in B} E(t)$ est tel que quel que soient $t \in B$, $\varepsilon > 0$ et n , il existe $\xi' \in \Gamma$ vérifiant $\|\xi - \xi'\|^n \leqslant \varepsilon$ dans un voisinage de t alors ξ appartient à Γ

Soit $\mathcal{E} = ((E(t))_{t \in B}, \Gamma)$ un champ continu d'espaces de Fréchet sur B ; nous voulons munir Γ d'une structure de B-planeur ; pour cela nous introduisons sur Γ la topologie de la convergence compacte sur B , c'est-à-dire la topologie définie par la famille filtrante de semi-normes :

$$|||\xi|||^n_K = \sup_{t \in K} \|\xi\|^n(t)$$

où K décrit les compacts de B (ces semi-normes existent effectivement d'après la condition (3) de la définition 8.1).

<u>Proposition 6.2</u> :

<u>Soit</u> $\mathcal{E} = ((E(t))_{t \in B}, \Gamma)$ <u>un champ continu d'espaces de Fréchet sur</u> B ; Γ <u>muni de la topologie de la convergence compacte est un</u> B-<u>planeur</u>.

<u>Théorème 6.3</u> :

<u>Soit</u> $\mathcal{E} = (E(t)_{t \in B}, \Gamma)$ <u>un champ continu d'espaces de Fréchet sur un espace topologique complètement régulier</u> B . <u>Si</u> B <u>est un</u> t-<u>espace</u>, (<u>resp. un</u> i-<u>espace</u>) Γ <u>muni de la topologie de la convergence compacte est tonnelé</u> (<u>resp. infratonnelé</u>) ; <u>réciproquement, si</u> Γ <u>est tonnelé</u> (<u>resp. infratonnelé</u>) <u>pour la topologie de la convergence compacte et si quel que soit</u> $t \in B$, $E(t)$ <u>n'est pas réduit à</u> 0 , <u>alors</u> B <u>est un</u> t-<u>espace</u> (<u>resp. un i-espace</u>).

Pour démontrer cette propriété, on utilise les théorèmes 5.1 et 5.2. La condition (4) de la définition 6.1 intervient d'une part pour montrer que Γ est un B-planeur plein et, d'autre part, en liaison avec le fait que les $E(t)$ sont de Fréchet, pour montrer que quel que soit le compact K de B , $\Gamma(K)$ est un Fréchet, donc tonnelé et infratonnelé. Quant à la condition (2) , elle sert dans la réciproque.

Ce résultat généralise des énoncés de NACHBIN ([5]), th. 1) et WARNER ([7] th. 8).

APPENDICE

On généralise ici un résultat de NACHBIN ([4] th. 2) et un résultat de WARNER ([6] th. 5) ; les démonstrations que nous n'écrirons pas ici, n'utilisent pas ce qui précède.

Définition A.1 :

Un champ continu d'espaces normés $\mathcal{E} = ((E(t))_{t \in B}, \Gamma)$ est tel que les $E(t)$ sont normés et est astreint à ne vérifier que les conditions (1) , (2) et (3) de la définition 6.1. Un champ continu d'algèbres normés $\mathcal{A} = ((A(t))_{t \in B}, \Gamma)$, est un champ continu d'espaces normés où les $A(t)$ sont des algèbres normées et où Γ est une sous- $\mathcal{C}(B ; K)$-algèbre de $\prod_{t \in B} A(t)$.

Par algèbre i-bornologique, on entend une algèbre localement m-convexe limite inductive d'algèbres normées (cf. [6]). Un Q-espace B (real-compact space dans [2]) est un espace complètement régulier qui est complet pour la structure uniforme la moins fine rendant uniformément continu tout élément $f \in \mathcal{C}(B ; \mathbb{R})$. On a les deux résultats suivants.

Théorème A.2 :

Soit $\mathcal{E} = ((E(t))_{t \in B}, \Gamma)$ un champ continu d'espaces normés sur un espace topologique complètement régulier B . Si B est un Q-espace, Γ muni de la topologie de la convergence compacte est bornologique ; réciproquement; si Γ muni de la topologie de la convergence compacte est bornologique et s'il existe un élément $\eta \in \Gamma$ qui ne s'annule pas sur B , alors B est un Q-espace.

Théorème A.3 :

Soit; $\mathcal{A} = ((A(t))_{t \in B}, \Gamma)$ un champ continu d'algèbres normées $A(t)$ unitaires ($e(t)$ désigne l'élément unité de $A(t)$) sur un espace topologique complètement régulier B ; on suppose que le champ de vecteurs $\bar{e} : t \mapsto e(t)$ appartient à Γ . Sous ces hypothèses pour que l'algèbre Γ munie de la topologie de la convergence compacte soit i-bornologique, il faut et il suffit que B soit un Q-espace.

RÉFÉRENCES :

[1] N. BOURKAKI. - Intégration, Chap. 3, éd. 1952.

[2] L. GILMAN - M. JERISON. - Rings of continuous functions (Van Nostrand 1960).

[3] R. GODEMENT. - Théorie des faisceaux.

[4] A. IONESCU TULCEA - C. IONESCU TULCEA. - On the decomposition and integral representation of continuous linear operators (Ann. di Math. pura. éd. appl. : 1961, serie 4, tom. 53 pages 63 - 87).

[5] L. NACHBIN. - Topological vector spaces of continuous functions (Proc. Nat. Ac. Sci. U.S.A. , t XL , 1954, pages 471 - 474).

[6] S. WARNER. - Inductive limit of normed algebra (Trans. Am. Math. Soc. Vol. 86, 1956, pages 190 - 215).

[7] S. WARNER. - Compact convergence on function spaces (Duke math. Journal Vol. 25, N° 2, June 1958, pages 265 - 282).

-:-:-:-:-:-:-:-:-:-

minaire P.LELONG
nalyse)
année, 1967/68. 6 Mars 1968

GENERATORS FOR SOME RINGS OF ANALYTIC FUNCTIONS
d'après L.HÖRMANDER [0]

par Ph.NOVERRAZ

En 1962 L.CARLESON a démontré le théorème suivant :

THÉORÈME DE LA COURONNE [1] : Soit H^{∞} l'espace des fonctions analytiques uniformément bornées dans le disque unité du plan complexe. La condition nécessaire et suffisante ur qu'un système de N fonctions $f_1, \ldots, f_N$ de H^{∞} engendre l'espace tout entier est 'il existe une constante δ telle que :

$$|f_1| + \ldots + |f_N| \geqslant \delta > 0$$

i.e. pour toute fonction φ de H^{∞}, il existe N fonctions $\varphi_1, \ldots, \varphi_N$ de H^{∞} telles que $\varphi = \sum \varphi_i f_i$]

1966 J.KELLEHER et B.A.TAYLOR ont utilisé ce théorème pour démontrer le résultat suint :

Soit E_λ l'ensemble des fonctions entières d'une variable complexe de λ-type fini [i.e. s $|f| \leqslant A\lambda(B|z|)$ où λ est une fonction croissante "régulière"]

THÉORÈME [4] les fonctions $f_1, \ldots, f_N$ engendrent E_λ tout entier si et seulement :

$$|f_1| + \ldots + |f_N| \geqslant \varepsilon \exp[-A\lambda(A|z|)]$$

1967 L.HÖRMANDER en se servant des méthodes, maintenant classiques [2] et [3], de -cohomologie à croissance prouve le théorème suivant dont la démonstration est le but cet exposé :

Soient Ω un ouvert de $\mathbb{C}^n$ et p(z) une fonction non négative définie dans Ω, notons $A_p(\Omega)$ anneau des fonctions analytiques dans Ω satisfaisant pour des constantes C_1 et C_2 à :

$$|f(z)| \leqslant C_1 \exp C_2\, p(z) \tag{)}$$

THÉORÈME 1

Soit p(z) une fonction plurisousharmonique dans un ouvert Ω de $\mathbb{C}^n$ et satisfaisant aux nditions suivantes :

(i) tous les polynomes appartiennent à $A_p(\Omega)$

(ii) il existe des constantes K_1, K_2, K_3, K_4 telles que $z \in \Omega$ et $|z - \zeta| \leqslant \exp[-K_1 p(z) - K_2]$

entraîne $\zeta \in \Omega$ et $p(z) \leqslant K_3\ p(z) + K_4$.

Alors des fonctions $f_1, \ldots, f_N$ de $A_p(\Omega)$ engendrent l'anneau tout entier si et seulement si pour des constantes C_1 et C_2 on a

$$(2) \qquad |f_1| + \ldots |f_N| \geqslant C_1 \exp\left[-C_2\ p(z)\right]$$

Il faut noter que ce théorème n'entraîne pas le théorème de la couronne à n variables [i.e. où H^∞ est l'ensemble des fonctions analytiques uniformément bornées sur un ouvert Ω borne de $\mathbb{C}^n$]. La question est ouverte de savoir si un tel théorème est vrai.

Remarque : La question (ii) permet, dans le cas où $\Omega \neq \mathbb{C}^n$ de prendre $p(z) = -\log d(z)$ où $d(z)$ désigne la distance de z à $\complement\Omega$, ce qui donne bien une fonction plurisousharmonique lorsque Ω est un domaine pseudo-convexe [5].

Dans le cas où $\Omega = \mathbb{C}^n$ on peut remplacer (ii) par

(ii') il existe A et B telles que $p(z + \zeta) \leqslant Ap(z) + B$ pour tout $\|\zeta\| < 1$.

LEMME 2 : $f \in A_p(\Omega)$ entraîne $\partial f/\partial z_i \in A_p(\Omega)$.

C'est une conséquence immédiate de (1) et (i).

Le lemme suivant permet de définir l'espace $A_p(\Omega)$ comme un espace du type L^2 et d'appliquer alors les méthodes de $\bar{\partial}$-cohomologie à croissance.

LEMME 3 : f appartient à $A_p(\Omega)$ si et seulement s'il existe une constante k telle que

$$\int |f|^2\ e^{-2kp}\ d\lambda < +\infty$$

(où $d\lambda$ désigne la mesure de Lebesgue).

Démonstration : Dans un sens on se sert de la condition (i) :

$$1 + |z|^{2n+1} \leqslant B_1 \exp\left[B_2\ p(z)\right]$$

Dans l'autre sens $|f|$ est plurisousharmonique et est donc majorée par sa moyenne sur la boule $|z - \zeta| \leqslant \exp\left[-K_1\ p(z) - K_2\right]$ (qui appartient à Ω d'après (ii)) et se majore (inégalité de Schwartz) par une quantité de la forme $C \exp C'\ p(z)$.

Soit maintenant (avec les notations habituelles) une forme différentielle $g = \sum g_{I,J}\ dz^I \wedge d\bar{z}^J$ de type (p, q) et $|g|^2 = \sum |g_{I,J}|^2$. Le lemme suivant est une conséquence du théorème 2.2.1' de [2] (même méthode que dans [3] pour déduire 4.4.2. de 4.4.1.) .

LEMME 4 : Soit g une forme de type (o, r+1) à coefficients de carré localement intégrables avec $\bar{\partial} g = 0$ et soit ϕ une fonction plurisousharmonique telle que

$$\int |g|^{2} \exp[-\phi]\, d\lambda < +\infty$$

si $r \geqslant 0$, il existe une forme f de type (o, r) avec $\bar{\partial} f = g$ et

$$\int |f|^{2} \left[1 + |z|^{2}\right]^{-2} \exp(-\phi)\, d\lambda < \int |g| \exp(-\phi)\, d\lambda$$

Remarquons que dans le cas qui nous intéresse (i.e. $\phi = p$). Le coefficient polynomial n'a aucune importance à cause des propriétés de p par rapport aux polynomes.

Pour tous entiers non négatifs r et s notons L_r^s, l'ensemble des formes différentielles h de type (o, r) à valeur dans $\Lambda^S \mathbb{C}^N$ telles qu'il existe K avec

$$\int |h|^{2} \exp(-2kp)\, d\lambda < +\infty$$

i.e. à tout multi-indice $I = (i_1, \ldots, i_s)$ de longueur $s \leqslant N$ h à une composante h_I qui est une forme antisymétrique de type (o, r) telle que $\int |h_I|^2 \exp(-2Kp) d\lambda < +\infty$ L'opérateur $\bar{\partial}$ défini une application linéaire non bornée de L_r^s dans L_{r+1}^s définie sur les $h \in L_r^s$ telles que $\bar{\partial} f$ (au sens des distributions) appartienne à L_{r+1}^s.

Considérons aussi l'opérateur P_f associe à $f = (f_1, \ldots, f_N)$ qui applique L_r^{s+1} dans L_r^s et défini pour tout h de L_r^{s+1} par $(P_f\, h)_I = \sum_{1}^{N} h_{I,j}\, f_j$ $|J| = s$ et $I, j = (i_1, \ldots i_s, j)$.

Posons $P_f\, L_r^o = 0$ et notons qu'en vertu de l'antisymétrique des h_I et de l'analyticité des f_j on a

$$P_f^2 = 0 \quad \text{et} \quad \bar{\partial} P_f = P_f\, \bar{\partial}$$

d'où le double complexe :

$$\begin{array}{ccccccc} & & \downarrow & & \downarrow & & \\ \longrightarrow & & L_r^{s+1} & \xrightarrow{\bar{\partial}} & L_{r+1}^{s+1} & \longrightarrow & \\ & & \downarrow{\scriptstyle P_f} & & \downarrow{\scriptstyle P_f} & & \\ \longrightarrow & & L_r^{s} & \xrightarrow{\bar{\partial}} & L_{r+1}^{s} & \longrightarrow & \\ & & \downarrow & & \downarrow & & \end{array}$$

LEMME 5 : pour tout h de L^s_{r+1} avec $\bar\partial h = 0$, il existe un élément g de L^s_r tel que $\bar\partial g = h$.

C'est une conséquence immédiate du lemme 4 et de la remarque qui le suit.

LEMME 6 : pour tout g de L^s_r avec $P_f\, g = 0$, il existe un élément h de L^{s+1}_r tel que $g = P_f\, h$; si de plus $\bar\partial g = 0$ on peut choisir h pour que $\bar\partial h$ appartienne à L^{s+1}_{r+1}.

On a la forme explicite de la solution h : soit $|I| = s+1$ notons

$I_j = (i_1,\dots,\hat{i}_j ,\dots i_{s+1})$ $\quad |I_j| = s$, on peut vérifier que

$$h_I = \sum_{j=1}^{s+1} g_{I_j}(-1)^{s+1-j}\ \overline{f_{i_j}} \ / \ |f|^2$$

répond à la question. De plus si $\bar\partial g = 0$ $\quad \bar\partial g = \sum g_{I_j}(-1)^{s+1-j}\ \partial(\bar f_{i_j} \ / \ |f|^2)$.

Démontrons maintenant le théorème suivant (qui est en fait équivalent au théorème 1).

THÉORÈME 7 : pour tout g de L^r_s avec $\bar\partial g = P_f\, g = 0$, on peut trouver un élément h de L^{s+1}_r tel que $\bar\partial h = 0$ et $P_f\, h = g$.

Démonstration. Faisons une récurrence descendante car le théorème est évident si $r > n$ ou $s > N$.

Le lemme 6 entraîne l'existence de $h' \in L^{s+1}_r$ tel que

$$P_f\, h' = g \quad \text{et} \quad \bar\partial h' \in L^{s+1}_{r+1}$$

comme $\partial\bar\partial h = 0$ et $P_f\, \bar\partial h = \bar\partial P_f\, h = \bar\partial g = 0$, on peut d'après l'hypothèse de récurrence trouver $h'' \in L^{s+1}_{r+1}$ tel que

$$P_f\, h'' = \bar\partial h' \quad \text{et} \quad \bar\partial h'' = 0 .$$

Le lemme 5 montre qu'il existe $h''' \in L^{s+1}_r$ avec $\bar\partial h''' = h''$. La forme $h = h' - P_f\, h'''$ donne alors la solution cherchée.

Dans la fin de son article L.HÖRMANDER expose à l'aide de ses méthodes une nouvelle démonstration du théorème de Carleron.

BIBLIOGRAPHIE

[0] HÖRMANDER (L.) . - Generators for some rings of analytic functions, Bull.Ann.Math.Soc., 73, p. 943, 1967.

[1] CARLESON (L.) . - Interpolation by bounded analytic functions and the corona problem, Ann.of Math., 2, 76, p. 547-559, 1962.

[2] HÖRMANDER (L.) . - L^2 estimates and existence theorems for the $\bar{\partial}$-operator, Acta Math., 113, p. 89-152, 1965.

[3] HÖRMANDER (L.) . - An introduction to complex analysis in several variables, D. Van Nostrand, Princeton, N.J., 1966.

[4] KELLEHER (J.) and TAYLOR (B.A.) . - An application of the corona theorem to some rings of entire functions. Bull.Amer.Math.Soc., 73, p. 246-249, 1967, + Exposé Séminaire d'Eté de La JOLLA,U.S.A. juillet 1966.

[5] LELONG (P.) . - Cours d'Eté du Séminaire de Montréal, 1967.

Séminaire P.LELONG
(Analyse)
8e année, 1967/68. 13 Mars 1968

SUPPORTS DES FONCTIONNELLES SUR UN ESPACE DE SOLUTIONS D'UNE ÉQUATION AUX DÉRIVÉES PARTIELLES A COEFFICIENTS CONSTANTS

par C. O. KISELMAN

1. - Introduction et sommaire.

On va étudier les duaux des espaces

$$\mathcal{D}'_P = \left\{u \in \mathcal{D}'(R^n) \quad ; \quad P(-D)u = 0\right\}$$

et

$$\mathcal{E}_P = \left\{u \in \mathcal{E}(R^n) \quad ; \quad P(-D)u = 0\right\}$$

espaces des solutions distributions, respectivement C^{∞}, d'une équation différentielle à coefficients constants $P(-D)u = 0$. Si l'on munit $\mathcal{D}'_P$ et $\mathcal{E}_P$ des topologies induites par $\mathcal{D}' = \mathcal{D}'(R^n)$ et $\mathcal{E} = \mathcal{E}(R^n)$ respectivement, les espaces duaux sont

$$(\mathcal{D}'_P)' = \mathcal{D}/(\mathcal{D}'_P)^{\perp}$$

et

$$(\mathcal{E}_P)' = \mathcal{E}'/(\mathcal{E}_P)^{\perp}.$$

Or un résultat bien connu de MALGRANGE donne une description plus concrète des espaces $(\mathcal{D}'_P)^{\perp}$ et $(\mathcal{E}_P)^{\perp}$, à savoir

$$(\mathcal{D}'_P)^{\perp} = P(D)\,\mathcal{D}\,,$$

$$(\mathcal{E}_P)^{\perp} = P(D)\,\mathcal{E}'.$$

On dira que $\varphi \in \mathcal{D}$ <u>représente</u> $T \in (\mathcal{D}'_P)'$ si

$$T(u) = u(\varphi) \quad , \quad u \in \mathcal{D}'_P \quad ;$$

de même que $\mu \in \mathcal{E}'$ représente $T \in (\mathcal{E}_P)'$ si

$$T(u) = \mu(u) \quad , \quad u \in \mathcal{E}_P \quad .$$

Donc si φ représente $T \in (\mathcal{D}'_P)'$ les autres représentants de T sont de la forme $\varphi + P(D)\psi$ pour une $\psi \in \mathcal{D}$. Un compact $K \subset R^n$ sera dit <u>porteur de</u> T si T admet des représentants à support dans un voisinage quelconque de K. Un compact convexe minimal pour l'inclusion parmi tous les porteurs convexes de T sera dit <u>support de</u> T.

Comme pour les fonctionnelles analytiques la question d'unicité du support se pose. Nous donnerons au paragraphe 2 une caractérisation des fonctionnelles qui admettent un support unique. Mais nous allons étudier aussi quelques propriétés d'unicité qui ne dépendent que du polynôme P ; il s'agit de caractériser algébriquement les classes de non unicité $N_1, \ldots, N_4$ définies comme suit.

$N_1(\mathcal{D}')$ est l'ensemble des polynômes P tels que toute fonctionnelle $\neq 0$ sur $\mathcal{D}'_P$ admette deux supports disjoints.

$N_2(\mathcal{D}')$... toute fonctionnelle $\neq 0$ admette deux supports distincts.

$N_3(\mathcal{D}')$... il existe une fonctionnelle sur $\mathcal{D}'_P$ qui admet deux supports disjoints.

$N_4(\mathcal{D}')$... il existe une fonctionnelle qui admet deux supports distincts.

Bien entendu on définit les classes $N_j(\mathcal{E})$ de façon analogue. Cependant on a $N_j(\mathcal{E}) = N_j(\mathcal{D}')$ pour j = 1, 2, 3 (au moins) ; j'écrirai N_1, N_2, N_3 dans le reste de ce paragraphe. On va montrer que $N_1 = N_2$; d'après [5] , corollaire 4.3. on a $N_4(\mathcal{D}') \subset N_4(\mathcal{E})$; donc on aura

$$N_1 = N_2 \subset N_3 \subset N_4(\mathcal{D}') \subset N_4(\mathcal{E}) \quad .$$

Pour N_1, N_2 et N_3 on a les caractérisations algébriques suivantes . $P \in N_1 = N_2$ si et seulement si P est hyperbolique. $P \in N_3$ si et seulement si P admet un facteur à partie principale hyperbolique. La démonstration du premier résultat sera indiquée au paragraphe 3 ; le second résultat est une conséquence des théorèmes 5.7.1. et 5.7.3. dans HÖRMANDER[2] .

Enfin on a les inclusions

$$N_3 \subset N_4(\mathcal{D}') \subset N_4(\mathcal{E}) \subset N_5 \ ,$$

où N_5 désigne l'ensemble des polynômes P tels que

$$\operatorname{cod}_{R^n} \left\{ \xi \in \mathbb{R}^n \ ; \ p(\xi) = 0 \right\} = 1 \quad ,$$

p étant la partie principale de P. Les inclusions $N_4(\mathcal{E})$, $N_4(\mathcal{D}') \subset N_5$ découlent du théorème d'unicité de Holmgren. On verra que $N_5 \setminus N_3$ est non-vide ; je ne sais pas caractériser les classes $N_4(\mathcal{D}')$ et $N_4(\mathcal{E})$ algébriquement.

<u>Exemples</u>. Si P est un polynôme d'une variable on a $P \in N_j$ si et seulement si $P \neq 0$ $(j = 1, 2, 3, 4, 5)$.

Pour $n = 2$, P homogène on a ou bien $P \in N_3$ ou bien P elliptique ou nul (donc $P \notin N_5$).

Si $P(\zeta) = \sum_1^a \zeta_j^2 - \sum_1^b \zeta_{a+j}^2$, on a suivant les valeurs de a et b $\geqslant 0$:

$a + b = 0$: $P = 0$, donc $P \notin N_5$

$a + b = 1$: P hyperbolique, donc $P \in N_1$.

$a + b \geqslant 2$; $a = 0$ ou $b = 0$: $P \notin N_5$.

$a + b \geqslant 2$; $a = 1$ ou $b = 1$: P hyperbolique, donc $P \in N_1$.

$a + b \geqslant 2$; $a \geqslant 2$ et $b \geqslant 2$: $P \in N_5 \setminus N_3$.

2. - <u>Condition d'unicité portant sur une fonctionnelle</u>.

Soit $E \in \mathcal{D}'$ une solution élémentaire pour $P(D)$. On pose pour $\varphi \in \mathcal{D}$,

$$U_\varphi = E * \varphi \in \mathcal{E} .$$

Notons que si $\varphi \in P(D)\mathcal{D} = (\mathcal{D}'_P)^\perp$, c'est-à-dire si $\varphi = P(D)\psi$ pour une $\psi \in \mathcal{D}$, on a

$$U_\varphi = E * P(D)\psi = P(D)E * \psi = \psi,$$

donc le germe $\gamma_\infty(U_\varphi)$ de U_φ à l'infini ne dépend que de la classe de φ dans $\mathcal{D}/P(D)\mathcal{D}$. Posons

$$U_T = \gamma_\infty(U_\varphi) = \gamma_\infty(E * \varphi)$$

si φ représente $T \in (\mathcal{D}'_P)'$. De même $U_T = \gamma_\infty(E * \mu)$ est un germe de distribution entièrement déterminé par T si $\mu \in \mathcal{E}'$ représente $T \in (\mathcal{E}_P)'$. J'appellerai U_T le <u>potentiel de</u> T ou <u>la transformée de Borel de</u> T puisque c'est la terminologie dans deux cas particuliers :

<u>Exemples</u>. Fonctionnelles harmoniques : on prend

$$P(D) = \Delta \; ; \; E = A_n |x|^{2-n} \quad \text{si} \quad n \neq 2 \; , \; E = \frac{1}{2\pi} \log |x| \text{ si } n = 2 .$$

Alors $E * \varphi$ est le potentiel newtonien de la mesure de densité φ, $\gamma_\infty(E * \varphi)$ le potentiel extérieur.

Fonctionnelles analytiques : on prend pour $n = 2$,

$$P(D) = \partial / \partial \bar{z} \quad ; \quad E = 1/(\pi(x_1 + ix_2)) .$$

Alors

$$U_{\varphi}(x) = \frac{1}{\pi} \int \varphi(y)dy/(x_1+ix_2-(y_1+iy_2)) = \frac{1}{\pi} \sum_{k \in N} a_k/(x_1+ix_2)^{k+1}$$

si $|x|$ est assez grand ; les a_k étant définis par

$$a_k = \int \varphi(y)(y_1+iy_2)^k dy = T(y \mapsto (y_1+iy_2)^k) .$$

Ici on appelle $\gamma_\infty(U_\varphi)$ (ou plutôt $\gamma_\infty(\pi U_\varphi)$) transformée de Borel de T ou de $\hat{T}(\zeta) = \sum a_k \zeta^k/k!$.

Il est bien connu qu'on a une relation, dans ce dernier exemple, entre les porteurs de T et les propriétés de prolongement du germe U_T . Il en est de même pour les fonctionnelles en général :

THÉORÈME 2.1. (GROTHENDIECK [1]). Soient T une fonctionnelle sur $\mathcal{D}'_P$ et K un compact convexe. Alors T est portée par K si et seulement s'il existe $V \in \mathcal{E}(\complement K)$ telle que $P(D)V = 0$ dans $\complement K$ et $\gamma_\infty(V) = U_T$. (Même énoncé pour $\mathcal{E}_P$; alors il faut prendre $V \in \mathcal{D}'(\complement K)$).

Pour une démonstration je renvoie à KISELMAN [5] , théorème 2.1.

Nous allons introduire une indicatrice de $T \in (\mathcal{D}'_P)'$ comme suit (on peut procéder de façon analogue pour $T \in (\mathcal{E}_P)'$). On considère les demi-espaces

$$D_{\xi, a} = \{x \in R^n ; \langle x, \xi \rangle > a\}, \ \xi \in R^n , \ a \in R ,$$

tels qu'il existe $V \in \mathcal{E}(D_{\xi, a})$ satisfaisant $P(D)V = 0$ et $\gamma_\infty(V) = U_T$ (le germe étant pris par rapport au demi-espace). On note $h_T(\xi)$ la borne inférieure de tous les a tels que $D_{\xi,a}$ ait cette propriété. L'indicatrice h_T satisfait évidemment à $h_T(t\xi) = th_T(\xi)$, $t > 0$; on peut montrer qu'elle est semi-continue supérieurement. Comme pour les fonctionnelles analytiques (voir [4] , théorème 5.2. et corollaire 5.3.) on a les résultats suivants.

THÉORÈME 2.2. Soient $T \in (\mathcal{D}'_P)'$ (ou $T \in (\mathcal{E}_P)'$) et K un compact convexe de R^n. Alors T est portée par K si et seulement si $h_T \leq H_K$. De plus

$$h_T = \inf_K (H_K \ ; \text{K porteur de T}),$$

où H_K désigne la fonction d'appui de K :

$$H_K(\xi) = \sup_{x \in K} \langle x , \xi \rangle , \ \xi \in R^n.$$

COROLLAIRE 2.3. T admet un support unique si et seulement si h_T est convexe.

Le lemme 4.2. de [5] implique le théorème.

On en déduit le corollaire en remarquant qu'une fonction semi-continue supérieurement h_T admet une majorante convexe minimale unique si et seulement si h_T est convexe.

Le corollaire montre que dès qu'un support est lisse il est unique. En effet si h_T n'est pas convexe chaque majorante convexe minimale de h_T est linéaire dans un ensemble de dimension deux. Le théorème d'unicité de HOLMGREN nous permet d'obtenir un résultat plus précis. Pour $x \in \partial K$, notons N_x l'ensemble des normales extérieures de K au point x, et

$$\Lambda_\xi = \bigcup_{\xi \in N_x} N_x \quad ,$$

$$\Xi = \{\xi \in R^n \; ; \; p(\xi) = 0\},$$

où p désigne la partie principale de P. Alors on a

THÉORÈME 2.4. <u>Si $\Lambda_\xi \cap \Xi = \emptyset$ pour un ensemble de ξ partout dense dans R^n, si K est support de T, alors K est le seul support de T.</u>

Si ∂K est régulière (de classe C^1) on a $\Lambda_\xi = \{t\xi \; ; \; t \geqslant 0\}$ pour $\xi \neq 0$, donc la première hypothèse du théorème est satisfait si $P \neq 0$.

Ce théorème est à confronter avec les résultats correspondants pour les fonctionnelles analytiques, voir KISELMAN [3] et MARTINEAU [8] . Cependant, il faut remarquer que l'intérêt de ce résultat est limité dans la mesure où je ne sais pas quels sont les compacts convexes qui peuvent être supports (resp. supports uniques) pour une fonctionnelle. Si P est hyperbolique, par exemple, le théorème dit simplement que les hypothèses ne sont jamais satisfaites. Dans le cas des fonctionnelles analytiques, au contraire, on sait que tout compact convexe est support unique d'une fonctionnelle, voir MARTINEAU [7] , théorème 2.1. , p. 33.

3. - <u>Polynômes de non-unicité.</u>

Je vais indiquer dans ce paragraphe la démonstration du théorème suivant :

THÉORÈME 3.1. <u>Les propriétés suivantes sont équivalentes pour un polynôme P :</u>

(a) <u>P est hyperbolique,</u>

(b) $\underline{P \in N_1(\mathcal{D}')}$,

(c) $\underline{P \in N_1(\mathcal{E})}$,

(d) $\underline{P \in N_2(\mathcal{D}')}$,

(e) $\underline{P \in N_2(\mathcal{E})}$.

Les implications (b) $\Longrightarrow$ (d), (c) $\Longrightarrow$ (e) sont évidentes. Les autres seront étudiées plus en détail dans les trois propositions à suivre.

PROPOSITION 3.2. - (a) _entraîne_ (b) _et_ (c) ; _plus précisément, si P est hyperbolique par rapport à_ $\theta \in R^n$, _alors toute fonctionnelle sur_ $\mathcal{E}_P$ _(resp._ $\mathcal{D}'_P$_) admet un porteur contenu dans chacun des hyperplans_

$$H_a = \left\{ x \in R^n \; ; \langle x, \theta \rangle = a \right\}, \; a \in R \; .$$

Démonstration. Soit $E \in \mathcal{D}'$ une solution élémentaire pour l'opérateur P(D) à support dans le cône

$$\Gamma = \left\{ x \in R^n \; ; \langle x, \theta \rangle \geqslant \varepsilon \, |x| \right\}$$

où $\varepsilon > 0$. Soit $\varphi \in \mathcal{D}$ un représentant de $T \in (\mathcal{D}'_P)'$. Si supp φ est contenu dans un compact convexe K, alors supp $(E * \varphi) \subset \Gamma + K$. Remarquons que H_a ne rencontre pas K si $H_K(\theta) < a$. On pose maintenant pour un a quelconque satisfaisant à $a > H_K(\theta)$,

$$V(x) = \begin{cases} E * \varphi(x) & \text{si } \langle x, \theta \rangle > a, \\ 0 & \text{sinon}. \end{cases}$$

Il est clair que $V \in \mathcal{E}(\complement K_a)$ où $K_a = H_a \cap (\Gamma + K)$, et que $P(D)V = 0$ dans $\complement K_a$. Enfin $V(x) = E * \varphi(x)$ si $x \notin \Gamma + K$ ou si $\langle x, \theta \rangle > a$, donc si $|x|$ est assez grand. Il s'en suit (théorème 2.1.) que T est portée par K_a, $a > H_K(\theta)$, en particulier nous avons montré que (a) entraîne (b) .

Enfin il faut trouver un porteur dans H_a pour $a \leqslant H_K(\theta)$. Or P est hyperbolique par rapport à $-\theta$ (voir HÖRMANDER [2] , théorème 5.5.1.), donc par le même raisonnement T admet un porteur dans tout hyperplan H_b si $b < -H_{K_a}(-\theta) = a$, K_a étant un des porteurs déjà trouvés avec $a > H_K(\theta)$. La démonstration est tout à fait analogue pour les fonctionnelles sur $\mathcal{E}_P$. C.Q.F.D.

PROPOSITION 3.3. - _La condition (e) entraîne (a), plus précisément, si la restriction à_ $\mathcal{E}_P$ _de la mesure de Dirac admet deux supports , alors P est_ hyperbolique.

Démonstration. Soient $K_1 \neq K_2$ deux supports de $\delta | \mathcal{E}_P$. Alors $0 \notin K_1$ ou $0 \notin K_2$, car $0 \in K_1 \cap K_2$ implique $K_1 = \{0\} = K_2$. On peut donc supposer que $\delta | \mathcal{E}_P$ est portée par K_1, $0 \notin K_1$. Il existe alors une distribution $\mu \in \mathcal{E}'$ à support dans un compact convexe K, $0 \notin K$, telle que

$$\mu(u) = \delta(u) = u(0), \; u \in \mathcal{E}_P .$$

Donc $\delta - \mu = P(D)\nu$ pour une distribution à support compact ν. On sait même que le support de ν est contenu dans l'enveloppe convexe de $\{0\} \cup K$. Comme $0 \notin K$, il est clair que la série

$$F = \sum_{j \in N} \mu^{*j}$$

converge dans $\mathcal{D}'$ et que $\delta = F * (\delta - \mu) = F * P(D)\nu$. Or le support de F est contenu dans l'enveloppe convexe Γ de $\bigcup_{j \in N} jK$ qui est un cône convexe saillant contenant supp ν. Donc $E = F * \nu$ est bien définie, supp $E \subset \Gamma$ et

$$P(D)E = F * P(D)\nu = \delta ,$$

ce qui signifie que P est hyperbolique. C.Q.F.D.

Il nous reste à étudier l'implication (d) $\Longrightarrow$ (a).

PROPOSITION 3.4. - La condition (d) entraîne (a) ; plus précisément soient P un polynôme non-hyperbolique et $K \subset R^n$ un compact convexe d'intérieur non-vide. Alors les fonctionnelles $T \in \mathcal{D}(K) \,/\, P(D)\mathcal{D}(K)$ qui admettent un support distinct de K forment un ensemble maigre dans $\mathcal{D}(K) \,/\, P(D)\mathcal{D}(K)$.

Indications sur la démonstration. A l'aide des méthodes usuelles de l'analyse fonctionnelle on réduit cette proposition à l'énoncé suivant :

Si L convexe compact ne contient pas K, alors il existe $\varphi \in \mathcal{D}(K)$ telle que $\varphi \notin \mathcal{D}(L) + P(D)\mathcal{D}(R^n)$.

On peut supposer que $0 \in K^\circ$, que $x_n < 0$ si $x \in L$ et que la direction (0, ..., 0, 1) n'est pas caractéristique par rapport à P. Comme P n'est pas hyperbolique la fonction

$$\mu(r) = \sup_{\xi', \tau} (\operatorname{Im} \tau \; ; \; P(\xi', \tau) = 0 , \; |\xi'| < r)$$

est non-bornée. Par le théorème de Tarski-Seidenberg on a $\mu(r) = C r^{\varepsilon}(1 + o(1))$, $r \rightarrow +\infty$, donc C et ε sont strictement positifs. On peut définir $\xi'_j \in R^{n-1}$,

$\tau_j \in C$ pour tout $j \in N$ tels que

$$|\xi_j'| \to +\infty, \quad j \to +\infty; \qquad P(\xi_j', \tau_j) = 0 \ ;$$

$$\operatorname{Im} \tau_j = \mu(|\xi_j'|) \ ; \ |\tau_{j+1}| \geqslant 2\,|\tau_j| \ .$$

Alors on a

$$(1) \quad \operatorname{Im} \tau_j = \mu(|\xi_j'|) \geqslant C/2\, |\xi_j'|^{\varepsilon} \geqslant C_1 |\tau_j|^{\varepsilon}$$

pour j grand, car $|\tau| / |\xi'|$ est borné si $P(\xi', \tau) = 0$ et $|\xi'|$ assez grand. Je dis qu'il existe une fonction $\varphi_2 \in \mathcal{D}([-B, B])$ telle que

$\hat{\varphi}_2(\tau_j) = e^{A \operatorname{Im} \tau_j}$ pourvu que $B > A > 0$ (voir lemme 3.5. ci-dessous). On peut choisir B et A de façon que le cube $[-B, B]^n$ soit contenu dans K et que $x_n < -B$ si $x \in L$.

Il existe aussi une fonction $\varphi_2 \in \mathcal{D}(R^{n-1})$ à support dans $[-B, B]^{n-1}$ et telle que $\hat{\varphi}_1(\xi') \geqslant \exp(-|\xi'|^{\delta})$, $\xi' \in R^{n-1}$, avec δ donné strictement positif. Maintenant la fonction $\varphi \in \mathcal{D}([-B, B]^n) \subset \mathcal{D}(K)$ définie par $\hat{\varphi}(\zeta) = \hat{\varphi}_1(\zeta') \ \hat{\varphi}_2(\zeta_n)$, $\zeta' \in C^{n-1}$, $\zeta_n \in C$, n'appartient pas à

$\mathcal{D}(L) + P(D)\,\mathcal{D}(R^n)$ si $\delta < \varepsilon$. Car si φ était élément de cet espace on aurait

$$|\hat{\varphi}_1(\xi')\,\hat{\varphi}_2(\tau)| \leqslant \quad Ce^{-B \operatorname{Im} \tau}$$

si $\xi' \in R^{n-1}$, $\tau \in C$, $P(\xi', \tau) = 0$, $\operatorname{Im} \tau \geqslant 0$. Donc nos suites (ξ_j'), (τ_j) donneraient

$$e^{-|\xi_j'|^{\delta}} \ e^{A \operatorname{Im} \tau_j} \leqslant \hat{\varphi}_1(\xi_j')\,\hat{\varphi}_2(\tau_j) \leqslant C e^{-B \operatorname{Im} \tau_j},$$

d'où

$$(A + B) \operatorname{Im} \tau_j \leqslant \operatorname{Log} C + |\xi_j'|^{\delta}$$

en contradiction avec (1). La proposition 3.4. est donc démontrée modulo un théorème d'interpolation dans $\hat{\mathcal{D}}(R)$. On peut utiliser le résultat suivant :

LEMME 3.5. - <u>Soient</u> $(\tau_j)_{j \in N}$ <u>et</u> $(a_j)_{j \in N}$ <u>deux suites de nombres complexes satisfaisant les conditions</u>

(i) $\left|\operatorname{Im} \tau_j\right| \geqslant C_1 \left|\tau_j\right|^{\varepsilon} - C_2$ pour un ε, $0 < \varepsilon < 1$, et des constantes $C_1, C_2 > 0$;

(ii) $\log \left|a_j\right| \leqslant A \left|\operatorname{Im} \tau_j\right|$ pour une constante $A > 0$;

(iii) $\left|\tau_{j+1}\right| > C_3 \left|\tau_j\right|$ pour une constante $C_3 > 1$.

Alors pour tout nombre $B > A$ il existe une fonction $\varphi \in \mathcal{D}([-B, B])$ telle que

$$\hat{\varphi}(\tau_j) = a_j \ , \quad j \in N \ .$$

La méthode de démonstration est celle de [6]. Les détails paraitront peut-être ailleurs.

BIBLIOGRAPHIE

[1] GROTHENDIECK (A.). - Sur les espaces de solutions d'une classe générale d'équations aux dérivées partielles. J. Analyse Math. 2, p. 243-280, 1953.

[2] HORMANDER (L.). - Linear partial differential operators. Springer, 1963.

[3] KISELMAN (C. O.). - On unique supports of analytic functionals. Ark. Mat. 6, p. 307-318, 1965.

[4] - . - On entire functions of exponential type and indicators of analytic functionals. Acta Math. 117, p. 1-35, 1967.

[5] - . - Functionals on the space of solutions to a differential equation with constant coefficients. The Fourier and Borel transformations. A paraître dans Math. Scand.

[6] - . - Existence of entire functions of one variable with prescribed indicator. A paraître dans Ark. Mat.

[7] MARTINEAU (A.). - Sur les fonctionnelles analytiques et la transformation de Fourier-Borel. J. Analyse Math. 11, p. 1-164, 1964.

[8] MARTINEAU (A.). - Unicité du support d'une fonctionnelle analytique : un théorème de C. O. Kiselman. Bull. Sci. Math. (2), 92, p. 131-141, 1968.

Séminaire P.LELONG
(Analyse)
8e année, 1967/68.

24 Avril 1968

L'IMAGE D'UNE APPLICATION HOLOMORPHE D'UNE VARIÉTÉ DANS L'ESPACE PROJECTIF (d'après W. STOLL)

par Guy R O O S

Cet exposé est consacré aux résultats de W. STOLL [8] concernant notamment le volume de l'image d'une application holomorphe ouverte. D'autres résultats ont été établis par des méthodes différentes par R. BOTT et S.S. CHERN [1] .

1. - Formes différentielles sur $\mathbb{P}(V)$.

Soit V un espace vectoriel complexe de dimension n + 1, muni d'un produit hermitien $(\mid)$. On désigne par $\mathbb{P}(V)$ la variété des sous-espaces de dimension 1 de V, et par ρ la surjection canonique

$$\rho : \ V - \{0\} \longrightarrow \mathbb{P}(V) .$$

Si d désigne la différentiation extérieure , on note $d = d' + d''$, $d^{\perp} = i(d' - d'')$, où d' et d" sont respectivement les composantes de type (1, 0) et (0, 1) de d.

On définit sur $V - \{0\}$ les formes différentielles

$$\alpha(z) = \frac{i}{2} \; d' \, d'' \log(z \mid z) = \frac{1}{2} \; d^{\perp} d \log |z|$$

et

$$\alpha_s = \frac{1}{s!} \alpha^s \quad , \qquad s \leqslant n \ .$$

Il existe sur $\mathbb{P}(V)$ une forme différentielle et une seule $\tilde{\alpha}$ telle que $\rho^* \tilde{\alpha} = \alpha$. On définit encore $\tilde{\alpha}_s = \frac{1}{s!} \tilde{\alpha}^s$. Les formes α_s et $\tilde{\alpha}_s$ sont des formes de type (s, s) positives et fermées (cf. [3]) .

Soit p un entier, $0 \leqslant p < n$, $r = n - p$. On désigne par $G^p(V)$ la variété des sous-espaces de dimension p + 1 de V. On identifiera un élément σ de $G^p(V)$ à son image par ρ, qui est un plan de dimension p de $\mathbb{P}(V)$; ou encore à la classe des éléments de $\bigwedge^{p+1} V$, qui sont de la forme $e_o \wedge e_1 \wedge \dots \wedge e_p$, où $(e_o, e_1, \dots, e_p)$

est une base de σ, sous-espace de V : σ est alors identifié à un élément de $\mathbb{P}(\Lambda^{p+1} V)$. Dans $\Lambda^q V$, un produit hermitien est défini à partir de celui de V, de la manière suivante : si $(e_o, e_1, \ldots, e_n)$ est une base orthonormale de V, $(e_{i_1} \wedge e_{i_2} \wedge \ldots \wedge e_{i_q})_{i_1 < i_2 < \ldots < i_q}$ est une base orthonormale de $\Lambda^q V$;

on notera encore (|) ce nouveau produit hermitien.

Soit $\sigma \in G^p(V)$, et $\underline{\sigma}$ un représentant de σ dans $\Lambda^{p+1} V$. Il existe sur $\mathbb{P}(V) - \sigma$ une forme et une seule $\Phi(\sigma)$ telle que

$$(\rho^* \Phi(\sigma))(z) = \frac{i}{2} d' d'' \log(z \wedge \underline{\sigma} \mid z \wedge \underline{\sigma})$$

dans $V - \sigma$. $\Phi(\sigma)$ est une forme positive fermée de type (1, 1) et vérifie

$$(\Phi(\sigma))^r = 0 , \qquad r = n - p .$$

On peut maintenant définir sur $\mathbb{P}(V) - \sigma$ la forme positive fermée de type $(r - 1, r - 1)$

$$\Lambda(\sigma) = \frac{1}{(r-1)!} \sum_{k=o}^{r-1} (\Phi(\sigma))^k \wedge \tilde{\alpha}^{r-1-k} .$$

Enfin, si $z \in \mathbb{P}(V)$ et $\sigma \in G^p(V)$, on définit la distance projective $\| z : \sigma \|$ par

$$\| z : \sigma \| = \frac{| \underline{z} \wedge \underline{\sigma} |}{|\underline{z}| \, |\underline{\sigma}|} , \text{ où } \underline{z} \in z , \quad \underline{\sigma} \in \sigma .$$

On a alors la relation :

$$\tilde{\alpha}(z) - \Phi(\sigma)(z) = \frac{1}{2} d d^{\perp} \log \| z : \sigma \| ,$$

d'où l'on déduit par un calcul simple

$$\frac{1}{2} d d^{\perp} \log \| z : \sigma \| \wedge \Lambda(\sigma)(z) = r \, \tilde{\alpha}_r \tag{1}$$

2. - Le "First Main Theorem".

Dans toute la suite, M sera une variété analytique complexe de dimension homogène m, f une application holomorphe

$$f : M \to \mathbb{P}(V) ,$$

et r un entier tel que $0 < r \leq m$, $r \leq n$; on posera $p = n - r$, $q = m - r$.

On fera sur f l'hypothèse que pour tout σ de $G^p(V)$, $f^{-1}(\sigma)$ est vide ou est un ensemble analytique de dimension homogène q de M. Dans le cas où $r = n \leq m$, il revient au même de dire que l'application f est ouverte ([4] , prop. 28 et 29).

On désigne encore par χ une forme C^1 de type (q, q) sur M, et par H un ouvert d'adhérence compacte de M. On suppose que $S = \bar{H} - H$ est vide ou est une variété C^∞ régulièrement plongée dans M et est le bord orienté de H. On note j l'inclusion $j : S \longrightarrow M$.

On a alors les deux propositions suivantes ([8] , prop. 4.3. et 4.4.) :

PROPOSITION 1 : Soit ψ une fonction de classe C^2 sur M, et η la forme différentielle de degré 2m - 1

$$\eta = \log \| f, \sigma \| \; f^*(\Lambda(\sigma)) \wedge d^\perp \psi \wedge \chi .$$

On suppose que l'une des deux hypothèses suivantes est vérifiée :

(i) $j^*(\eta)$ est intégrable sur S ;

(ii) $j^*(\eta)$ est positive sur S .

La relation suivante est alors vérifiée :

$$\begin{aligned}
&\int_S \log \| f : \sigma \| \quad f^+(\Lambda(\sigma)) \wedge d^\perp \psi \wedge \chi \\
&= \int_H d\psi \wedge d^\perp \log \| f : \sigma \| \wedge f^*(\Lambda(\sigma)) \wedge \chi \\
&+ \int_H \log \| f : \sigma \| \; f^*(\Lambda(\sigma)) \wedge d\, d^\perp \psi \wedge \chi \\
&- \int_H \log \| f : \sigma \| \; f^*(\Lambda(\sigma)) \wedge d^\perp \psi \wedge d\chi
\end{aligned}$$

où toutes les intégrales écrites ont un sens. (En particulier, si $j^*(\eta)$ est positive sur S, elle est intégrable sur S).

On a donc une généralisation du théorème de Stokes pour la forme η .

PROPOSITION 2 : Soit ψ une fonction continue, localement lipschitzienne, définie sur $\bar{H}$. Si K est le support de $\psi\chi$ sur S, on suppose $K \cap f^{-1}(\sigma)$ de mesure nulle dans $f^{-1}(\sigma)$. La forme

$$\psi \, d^\perp \log \| f : \sigma \| \wedge f^*(\Lambda(\sigma)) \wedge \chi$$

est supposée intégrable sur S. La relation suivante est alors vérifiée :

$$\begin{aligned}
&\int_S \psi \, d^\perp \log \| f : \sigma \| \wedge f^*(\Lambda(\sigma)) \wedge \chi \\
&= \int_H d\psi \wedge d^\perp \log \| f : \sigma \| \wedge f^*(\Lambda(\sigma)) \wedge \chi
\end{aligned}$$

$$- \int_H \psi \, d^{\perp} \log \| f : \sigma \| \wedge f^*(\Lambda(\sigma)) \wedge d\chi$$

$$+ 2r \int_H \psi \, f^*(\tilde{\alpha}_r) \wedge \chi$$

$$- \frac{2\pi^r}{(r-1)!} \int_{f^{-1}(\sigma) \cap H} \nu_f(z,\sigma) \, \psi \chi \quad , \qquad (3)$$

où toutes les intégrales écrites ont un sens.

Ici, le théorème de Stokes n'est plus vrai, il faut retrancher le "résidu" $\frac{2\pi^r}{(r-1)!} \int_{f^{-1}(\sigma) \cap H} \nu_f(z,\sigma) \psi \chi$; l'intégration est faite sur l'ensemble analytique, de dimension complexe q, $f^{-1}(\sigma) \cap H$ (voir [3]) ; $\nu_f(z,\sigma)$ est la multiplicité d'intersection de f avec σ en z.

Pour définir la multiplicité d'intersection, on définit d'abord la multiplicité (ou ordre) d'une application holomorphe

$$f : M \longrightarrow N$$

d'une variété M dans une variété N, la fibre étant supposée de dimension homogène q. Lorsque q = 0, il existe un voisinage compact U de $a \in M$, tel que $f^{-1}(f(a)) \cap U = \{a\}$; la multiplicité (ou ordre) de f en a est alors définie comme

$$\nu_f(a) = \overline{\lim_{z \to a}} \ \mathrm{Card}(f^{-1}(f(z)) \cap U).$$

Si $q \neq 0$, on considère les germes en a de sous-ensembles analytiques L de dimension $r = \dim M - q$, tels que $L \cap f^{-1}(f(a)) = \{a\}$ et on définit

$$\nu_f(a) = \inf_L \nu_{f|_L}(a) .$$

Soit maintenant $f : M \longrightarrow \mathbb{P}(V)$ une application analytique telle que $f^{-1}(\sigma)$ soit vide ou de dimension homogène $q = m - r$ pour tout $\sigma \in G^p(V)$, $p = n - r$.

On appelle graphe d'ordre p de f, le sous-ensemble $\Gamma_p(f)$ de $M \times G^p(V)$ formé des couples (z,σ) tels que $f(z) \in \sigma$; $\Gamma_p(f)$ est une sous-variété de $M \times G^p(V)$ de dimension $m + p(n - p)$; on a une application

$$\pi_f \ : \ \Gamma_p(f) \longrightarrow G^p(V)$$

induite par la seconde projection, dont la fibre $\Gamma_f^{-1}(\sigma) = f^{-1}(\sigma) \times \{\sigma\}$ est de dimension homogène q, ou est vide. On définit alors

$$\nu_f(z,\sigma) = \nu_{\pi_f}(z,\sigma) \quad \text{si } (z,\sigma) \in \Gamma_p(f)$$

et

$$\nu_f(z,\sigma) = 0 \quad \text{si } (z,\sigma) \notin \Gamma_p(f).$$

Pour la démonstration des propositions 1 et 2, cf. [8] , théorèmes 4.3. et 4.4.

La proposition 2 a les conséquences immédiates suivantes :

PROPOSITION 3 : Supposons que $S \cap f^{-1}(\sigma)$ soit de mesure nulle dans $f^{-1}(\sigma)$, que la forme

$$d^{\perp} \log \| f : \sigma \| \wedge f^{*}(\Lambda(\sigma)) \wedge \chi$$

soit intégrable sur S et que $d\chi = 0$.

Alors,

$$\frac{1}{2\pi W(r-1)} \int_S d^{\perp} \log \| f : \sigma \| \wedge f^{*}(\Lambda(\sigma)) \wedge \chi + \int_{H \cap f^{-1}(\sigma)} \nu_f(z,\sigma)\, \chi$$

$$= \frac{1}{W(r)} \int_H f^{*}(\tilde{\alpha}_r) \wedge \chi, \tag{4}$$

où $W(k) = \dfrac{\pi^k}{k!}$

COROLLAIRE : Si M est une variété compacte , l'intégrale $\int_{f^{-1}(\sigma)} \nu_f(z,\sigma)\chi$, χ étant une forme fermée, est indépendante de $\sigma \in G^p(V)$ et égale à

$$\frac{1}{W(r)} \int_M f^{*}(\tilde{\alpha}_r) \wedge \chi .$$

Voir aussi [9] , pour une généralisation du cas p = o à une application holomorphe $f : M \to N$.

THÉORÈME 1 ("First Main Theorem") [8] .

Soient G, g deux ouverts de M, d'adhérences compactes, avec $\bar{g} \subset G$; on suppose que $\Gamma = \bar{G} - G$ (resp. $\gamma = \bar{g} - g$) est une variété régulièrement plongée et est le bord orienté de G (resp. g). Soit ψ une fonction continue sur M, telle que

a) $\psi\big|_{\bar{g}} \equiv R > 0$,

b) $\psi\big|_{M - G} \equiv 0$,

c) $\psi\big|_{\bar{G} - g}$ est de classe C^2 et à valeurs dans [0, R] . On définit $d^{\perp}\psi$ sur Γ et γ par continuité à partir de ses valeurs dans $G - \bar{g}$.

Alors, pour toute forme différentielle positive fermée χ de type (q, q) sur M,

$$\begin{aligned} &\int_{f^{-1}(\sigma)} \nu_f(z,\sigma)\, \psi\, \chi \\ &+ \frac{1}{2\pi W(r-1)} \int_{\Gamma \cup \gamma^-} \log \frac{1}{\|f : \sigma\|}\, f^*(\Lambda(\sigma)) \wedge d^{\perp}\psi \wedge \chi \\ &= \frac{1}{W(r)} \int_G \psi\, f^*(\tilde{\alpha}_r) \wedge \chi \\ &+ \frac{1}{2\pi W(r-1)} \int_G \log \frac{1}{\|f : \sigma\|}\, f^*(\Lambda(\sigma)) \wedge d\, d^{\perp}\psi \wedge \chi \end{aligned} \tag{5}$$

Démonstration : La forme η_1, égale à $\log \frac{1}{\|f : \sigma\|}\, f^*(\Lambda(\sigma)) \wedge d^{\perp}\psi \wedge \chi$ sur Γ et à 0 sur γ, est positive ([5] , 4.5.), donc intégrable sur $\Gamma \cup \gamma^-$ d'après la proposition 1 appliquée à la forme $\lambda\chi$, λ étant une fonction C^{∞} à valeurs dans [0, 1] , nulle sur $\bar{g}$ et égale à 1 sur M - G . Il en est de même de la forme η_2 nulle sur Γ et égale à $\log \frac{1}{\|f : \sigma\|}\, f^*(\Lambda(\sigma)) \wedge d^{\perp}\psi \wedge \chi$ sur γ. Il en résulte que $\eta_1 + \eta_2$ est intégrable sur $\Gamma \cup \gamma^-$ et qu'on peut lui appliquer la proposition 1, ce qui donne, avec $H = G - \bar{g}$, $S = \Gamma \cup \gamma^-$:

$$\begin{aligned} &\frac{1}{2\pi W(r-1)} \int_S \log \frac{1}{\|f : \sigma\|}\, f^*(\Lambda(\sigma)) \wedge d^{\perp}\psi \wedge \chi \\ &- \frac{1}{2\pi W(r-1)} \int_H d\psi \wedge d^{\perp} \log \|f : \sigma\| \wedge f^*(\Lambda(\sigma)) \wedge \chi \\ &+ \frac{1}{2\pi W(r-1)} \int_H \log \frac{1}{\|f : \sigma\|}\, f^*(\Lambda(\sigma)) \wedge d\, d^{\perp}\psi \wedge \chi \end{aligned}$$

On transforme ensuite le premier terme du second membre, qui est une intégrale sur G, à l'aide de la proposition 2 appliquée à G, Γ et

$\psi \; d^{\perp}\log \|f : \sigma\| \wedge f^*(\Lambda(\sigma)) \wedge \chi$, qui est nulle sur Γ , d'où :

$$0 = \frac{1}{2\pi W(r-1)} \int_G d\psi \wedge d^{\perp} \log \|f : \sigma\| \wedge f^*(\Lambda(\sigma)) \wedge \chi$$

$$+ \frac{1}{W(r)} \int_G \psi \; f^*(\tilde{\alpha}_r) \wedge \chi - \int_{f^{-1}(\sigma) \cap G} \nu_f(z,\sigma) \psi \chi$$

La relation (5) s'obtient alors par addition des deux relations précédentes.

Notations. On notera dans la suite :

$$N_f(G,\sigma) = \int_{f^{-1}(\sigma)} \nu_f(z,\sigma) \; \psi \; \chi \; ,$$

$$T_f(G) = \frac{1}{W(r)} \int_G \psi \; f^*(\tilde{\alpha}_r) \wedge \chi \; ,$$

$$\Delta_f(G,\sigma) = \frac{1}{2\pi W(r-1)} \int_G \log \frac{1}{\|f : \sigma\|} \; f^*(\Lambda(\sigma)) \wedge d d^{\perp} \psi \wedge \chi$$

$$m_f(\Gamma,\sigma) = \frac{1}{2\pi W(r-1)} \int_{\Gamma} \log \frac{1}{\|f : \sigma\|} \; f^*(\Lambda(\sigma)) \wedge d^{\perp}\psi \wedge \chi \; ,$$

$m_f(\gamma,\sigma)$ étant l'intégrale de la même forme sur γ.

Le résultat s'écrit alors :

$$N_f(G,\sigma) + m_f(\Gamma,\sigma) - m_f(\gamma,\sigma) = T_f(G) + \Delta_f(G,\sigma) \; . \qquad (5')$$

3. - Applications ouvertes dans l'espace projectif .

Dans ce paragraphe, on suppose $r = n$, donc $p = 0$, $q = m - n$. L'application

$$f : M \longrightarrow \mathbb{P}(V)$$

est alors ouverte par hypothèse. Les résultats du paragraphe précédent sont intégrés par rapport à $\sigma \in G^o(V) = \mathbb{P}(V)$. On utilisera pour cela le résultat suivant :

LEMME 1.

$$\frac{1}{W(n)} \int_{\sigma \in \mathbb{P}(V)} \log \frac{1}{\|z : \sigma\|} \; (\Lambda(\sigma)) \; (z) \; \tilde{\alpha}_n(\sigma) = c_n \; \alpha_{n-1}(z), \quad (6)$$

avec $c_n = \frac{1}{2} \sum_{k=0}^{n-1} \frac{1}{k+1}$.

Démonstration. [8], lemmes 5.1. à 5.6.

Les hypothèses et les notations étant celles du théorème 1 pour le cas particulier $r = n$, $p = 0$, $q = m - n$, on définit :

$$\mu_f(\Gamma) = \frac{1}{2\pi W(n-1)} \int_\Gamma d^\perp \psi \wedge f^*(\tilde{\alpha}_{n-1}) \wedge \chi,$$

ainsi que $\mu_f(\gamma)$, et

$$\Delta_f(G) = \frac{1}{2\pi W(n-1)} \int_G d\, d^\perp \psi \wedge f^*(\tilde{\alpha}_{n-1}) \wedge \chi.$$

On a alors :

PROPOSITION 4. Sous les hypothèses du théorème 1, pour $r = n$:

1) $c_n \mu_f(\Gamma) = \frac{1}{W(n)} \int_{\sigma \in \mathbb{P}(V)} m_f(\Gamma, \sigma)\, \tilde{\alpha}_n(\sigma)$,

2) $T_f(G) = \frac{1}{W(n)} \int_{\sigma \in \mathbb{P}(V)} N_f(G, \sigma)\, \tilde{\alpha}_n(\sigma)$,

3) $\frac{1}{W(n)} \int_{\mathbb{P}(V)} \Delta_f(G, \sigma)\, \tilde{\alpha}_n(\sigma) = c_n\, \Delta_f(G)$,

4) $\Delta_f(G) = \mu_f(\Gamma) - \mu_f(\gamma)$.

Démonstration. La relation 1) résulte du lemme, ainsi que la relation 3); pour cette dernière on a par exemple :

$$\frac{1}{W(n)} \int_{\sigma \in \mathbb{P}(V)} \Delta_f(G, \sigma)\, \tilde{\alpha}_n(\sigma)$$

$$= \frac{1}{W(n)} \int_{\sigma \in \mathbb{P}(V)} \frac{1}{2\pi W(n-1)} \left[\int_G \log \frac{1}{\| f : \sigma \|} f^*(\Lambda(\sigma)) \wedge d\, d^\perp \psi \wedge \chi \right]$$

$$= \frac{1}{2\pi W(n-1)} \int_G \frac{1}{W(n)} f^* \left[\int_{\sigma \in \mathbb{P}(V)} \log \frac{1}{\| W : \sigma \|} \Lambda(\sigma)(w)\, \tilde{\alpha}_n(\sigma) \right] \wedge d\, d^\perp \psi \wedge \chi$$

$$= \frac{1}{2\pi W(n-1)} \int_G f^*(\tilde{\alpha}_{n-1}) \wedge d\, d^\perp \psi \wedge \chi .$$

La relation 2) résulte du "théorème de Fubini" pour une application analytique ouverte ([7], prop. 2.9.) :

$$\frac{1}{W(n)} \int_{\sigma \in \mathbb{P}(V)} \left[\int_{f^{-1}(\sigma)\cap G} \nu_f(z,\sigma)\psi\chi\right]\tilde{\alpha}_n(\sigma) = \frac{1}{W(n)} \int_G \psi f^*(\tilde{\alpha}_n)\wedge\chi .$$

Enfin, la relation 4) résulte du théorème de Stokes.

THÉORÈME 2 [8] Soit u une forme de type (1, 1) sur $\bar{G}$, de classe C^0, positive et telle que $u - dd^{\perp}\psi$ soit positive sur $G - \bar{g}$.

Soient

$$\underline{\Delta}_f(G, u) = \frac{1}{2\pi W(n-1)} \int_{G - \bar{g}} u \wedge f^*(\tilde{\alpha}_{n-1}) \wedge \chi$$

et

$$b(G) = \frac{1}{W(n)} \int_{f(G)} \tilde{\alpha}_n .$$

Alors, on a

$$0 \leqslant (1 - b(G))\, T_f(G) \leqslant c_n(\underline{\Delta}_f(G, u) + \mu_f(\gamma)) . \tag{7}$$

Démonstration : Soit $\delta(\sigma)$ la fonction caractéristique de $f(G) \subset \mathbb{P}(V)$. D'après la proposition 4,

$$T_f(G) = \frac{1}{W(n)} \int_{\sigma \in \mathbb{P}(V)} N_f(G,\sigma)\, \tilde{\alpha}_n(\sigma)$$

$$= \frac{1}{W(n)} \int_{\sigma \in \mathbb{P}(V)} \delta(\sigma)\, N_f(G,\sigma)\, \tilde{\alpha}_n(\sigma) ,$$

car $N_f(G,\sigma) = 0$ si $\sigma \notin f(G)$. D'après le théorème 1,

$$N_f(G,\sigma) \leqslant T_f(G) + m_f(\gamma,\sigma) + \Delta_f(G,\sigma) ,$$

d'où en intégrant sur f(G) :

$$T_f(G) \leqslant b(G)\, T_f(G) + c_n\, \mu_f(\gamma) + c_n\, \underline{\Delta}_f(G, u) ,$$

en procédant comme dans la démonstration de la proposition 4.

4. - Exemples.

g étant fixé ainsi que χ, on peut choisir , pour tout G vérifiant les hypothèses faites, ψ et u,et obtenir ainsi des estimations du volume normalisé

$$b_f(M) = \frac{1}{W(n)} \int_{f(M)} \tilde{\alpha}_n$$

de l'image de f.

Exemple 1. Soit M une variété analytique connexe de dimension m, $V = \mathbb{C}^2$; f est alors une application holomorphe non constante

$$f : M \longrightarrow \mathbb{P} = \mathbb{P}(\mathbb{C}^2).$$

Soit $\mathcal{G}$ l'ensemble des ouverts G de M tels que $g \subset\subset G \subset\subset M$ et que $\Gamma = \bar{G} - G$ soit le bord de G. On a ici $r = n = 1$, $q = m - 1$, $p = o$; χ est une forme différentielle positive fermée de type $(m - 1, m - 1)$.

Pour tout $g \in \mathcal{G}$, on prendra ψ égale à l'unique fonction continue sur M, C^∞ sur $G - \bar{g}$, telle que

a) $\psi(z) = o$ pour $z \in M - G$,

b) $\psi(z) = R(G) =$ constante pour $z \in \bar{g}$,

c) $d\, d^\perp \psi \wedge \chi = o$ sur $G - \bar{g}$,

d) $\frac{1}{2\pi} \int_\Gamma d^\perp \psi \wedge \chi = \frac{1}{2\pi} \int_\gamma d^\perp \psi \wedge \chi = 1$.

Alors, ψ et R sont des fonctions croissantes de G ([5] , 7.3.), et il en est par conséquent de même de $T_f(G) = \frac{1}{\pi} \int_G \psi\ f^+(\tilde{\alpha}) \wedge \chi$.

Soit $T_f(M) = \sup_G T_f(G)$; comme $\Delta_f(G, \sigma) = o$, $\Delta_f(G) = o$, et que $\mu_f(\gamma) = 1$, la relation (7) donne :

PROPOSITION 5 . On a :

$$0 \leqslant 1 - b_f(M) \leqslant \frac{1}{2\, T_f(M)} .$$

En particulier, si $T_f(M) = +\infty$, presque tout point de $\mathbb{P}$ appartient à l'image de f.

Si $R(M) = \sup_G R(G) = +\infty$ (variété de "capacité globale nulle"), $T_f(M)$ est égal à $+\infty$ pour toute f ([5] , 11.4.) ; l'image de toute application holomorphe non constante $f : M \to \mathbb{P}$ est alors presque tout $\mathbb{P}$.

Exemple 2 . Soit $f : \mathbb{C}^m \longrightarrow \mathbb{P}(V)$ $(m \geqslant n)$ une application analytique ouverte. On prend $G = G(r) = \{|z| < r\} \subset \mathbb{C}^m$, $r > r_o > 0$. On note β la forme différentielle $\frac{i}{2}\, d'\, d''\, (z \mid z)$ sur $\mathbb{C}^m$, $\beta_s = \frac{1}{s!}\, \beta^s$.

On a alors le résultat suivant :

PROPOSITION 6 : Soient les fonctions

$$A_{f,n}(r) = \frac{1}{W(n)} \int_{G(r)} f^*(\tilde{\alpha}_n) \wedge \beta_{m-n}$$

et

$$A_{f,n-1}(r) = \frac{1}{W(n-1)} \int_{G(r)} f^*(\tilde{\alpha}_{n-1}) \wedge \beta_{m-n+1}.$$

Si

$$T_f(r) = \int_{r_o}^{r} A_{f,n}(t) \frac{dt}{t^{2k-1}} \longrightarrow +\infty$$

et si

$$\frac{1}{T_f(r)} \int_{r_o}^{r} A'_{f,n-1}(t) \frac{dt}{t^{2k-1}} \longrightarrow 0$$

quand $r \longrightarrow +\infty$ (k entier $\geqslant 1$) , $\mathbb{P}(V) - f(\mathbb{C}^m)$ est un ensemble de mesure nulle.

Démonstration : On applique les notations et les résultats du théorème 2 aux données suivantes :

$$g = G(r_o) \quad , \quad G = G(r), \ \psi(z) = \frac{1}{2k-2}\left[\frac{1}{|z|^{2k-2}} - \frac{1}{r^{2k-2}}\right]$$

pour $z \in G - \bar{g}$ ($\psi(z) = \log \frac{r}{|z|}$ si $k = 1$). On a alors

$$T_f(r) = T_f(G(r)) = \frac{1}{W(n)} \int_{G(r)} \psi f^*(\alpha_n) \wedge \beta_{m-n}$$

et on vérifie que

$$\frac{d}{dr} T_f(r) = \frac{A_{f,n}(r)}{t^{2k-1}}$$

de sorte que $T_f(r) = \displaystyle\int_{r_o}^{r} A_{f,n}(t)\frac{dt}{t^{2k-1}}$

On choisit d'autre part $u = \dfrac{\beta}{|z|^{2k}}$ et on obtient

$$\Delta_f(r) = \Delta_f(G(r), u) = \frac{q+1}{\pi W(n-1)} \int_{G(r)-\bar{g}} \frac{f^*(\tilde{\alpha}_{n-1}) \wedge \beta_{m-n+1}}{|z|^{2k}}$$

$$= \frac{q+1}{\pi} \int_{r_o}^{r} \frac{d}{dt} A_{f,n-1}(t) \frac{dt}{t^{2k-1}}.$$ En posant

$b(r) = b(G(r))$, la relation (7) s'écrit alors

$$0 \leqslant (1 - b(r))\, T_f(r) \leqslant c_n \left[\frac{q+1}{\pi} \int_{r_o}^{r} A'_{f,n-1}(t) \frac{dt}{t^{2k-1}} + \mu_f(\gamma)\right], \text{ d'où}$$

la proposition.

Exemple 3. Soit M une variété analytique connexe, non compacte, de dimension m, munie d'une fonction h C^{∞} à valeurs positives, propre et plurisousharmonique (c'est-à-dire telle que la forme $d^{\perp}d\,h$ soit positive).

On prendra $G = G(r) = \left\{z \mid h(z) < r\right\}$, $g = G(r_o)$. La fonction ψ relative à G(r) sera définie sur $G - \bar{g}$ par $\psi(z) = r - h(z)$. On désignera par χ_s la forme différentielle positive fermée $\frac{1}{s!}(d^{\perp}d\,h)^s$.

Soit $f : M \to \mathbb{P}(V)$ une application holomorphe ouverte. On a alors le résultat :

PROPOSITION 7. Soient

$$A_{f,n}(r) = \frac{1}{W(n)} \int_{G(r)} f^*(\tilde{\alpha}_n) \wedge \chi_{m-n}$$

et

$$A_{f,n-1}(r) = \frac{1}{W(n-1)} \int_{G(r)} f^*(\tilde{\alpha}_{n-1}) \wedge \chi_{m-n+1}.$$

Si

$$T_f(r) = \int_{r_o}^{r} A_{f,n}(t)\,dt \longrightarrow +\infty$$

quand $r \to +\infty$, on a :

$$0 \leqslant 1 - b_f(M) \leqslant \frac{m-n+1}{2}\, c_n\, \delta_f$$

où

$$\delta_f = \overline{\lim_{r \to +\infty}} \frac{A_{f,n-1}(r)}{T_f(r)}.$$

En particulier, si $\delta_f = 0$, $\mathbb{P}(V) - f(M)$ est de mesure nulle.

Démonstration : Soit $T_f(r) = T_f(G(r)) = \frac{1}{W(n)} \int_{G(r)} \psi f^*(\tilde{\alpha}_n) \wedge \chi_{m-n}$.

On vérifie que $\int_{r_o}^{r} A_{f,n}(t)\,dt = T_f(r)$. D'autre part, en prenant $u = dd^{\perp}\psi$, on a :

$$\underline{\Delta}_f(r) = \underline{\Delta}_f(G(r), u) = \frac{1}{2\pi W(n-1)} \int_{G(r)-\bar{g}} d\,d^{\perp}\psi \wedge f^*(\tilde{\alpha}_{n-1}) \wedge \chi_{m-n}$$

$$= \frac{m-n+1}{2\pi} \frac{1}{W(n-1)} \int_{G(r)-\bar{g}} f^*(\tilde{\alpha}_{n-1}) \wedge \chi_{m-n+1}$$

$$= \frac{m-n+1}{2\pi} \left[\Delta_{f,n-1}(r) - \Delta_{f,n-1}(r_o)\right]$$

La relation (7) s'écrit alors

$$\left[1 - b(G(r))\right] T_f(r) \leqslant c_n \left[\frac{m-n+1}{2\pi} \left(A_{f,n-1}(r) - A_{f,n-1}(r_o) + \mu_f(\gamma)\right)\right],$$

d'où la proposition.

Remarque. Dans le cas où $n = 1$, $A_{f,\,n-1}(r) = \int_{G(r)} \chi_m$ ne dépend pas de f ; la condition $\delta_f = o$ signifie alors que $T_f(r)$ croît plus fortement , quand $r \to +\infty$, que la mesure de G(r) par rapport à χ_m.

B I B L I O G R A P H I E

[1] BOTT (R.) & CHERN (S. S.). - Hermitian vector bundles and the equidistribution of the zeroes of their holomorphic sections, Acta Math., 114, p. 71-112, 1965.

[2] CHERN (S. S.) - The integrated form of the first main theorem for complex analytic mappings in several variables, Ann. Math., (2) 71, p. 536-551, 1960.

[3] LELONG (P.). - Fonctions plurisousharmoniques et formes différentielles positives. Cours au C.I.M.E., 1963, Roma, Instituto Matematico dell' Universita, 1967.

[4] REMMERT (R.). - Holomorphe und meromorphe Abbildungen komplexer Räume, Math. Ann., 133, p. 238-370, 1957.

[5] STOLL (W.). - Die beiden Hauptsätze der Wertverteilungstheorie bei Funktionen mehrerer komplexer Veranderlichen I , Acta Math., 90, p. 1-115, 1953.

[6] STOLL (W.). - The multiplicity of a holomorphic map, Inventiones Math., 2, p. 15-58, 1966.

[7] STOLL (W.). - The continuity of the fiber integral, Math. Z., 95, p. 87-138,1967.

[8] STOLL (W.). - A general first main theorem of value distribution, Acta Math., 118, p.111-191, 1967.

[9] STOLL (W.). - The fiber integral is constant, Math. Z. , 104, 65-73, 1968.

Séminaire P.LELONG
(Analyse)
8e année, 1967/68.

1er Mai 1968

SOUS-ENSEMBLES ANALYTIQUES D'UNE VARIÉTÉ ANALYTIQUE BANACHIQUE

par J.-P. R A M I S

Rappelons tout d'abord quelques résultats (Cf. [7]) :
on note $\mathcal{B}_{\mathbb{C}}$ la catégorie dont les objets sont les espaces de Banach complexes et les morphismes les applications linéaires continues , on note $\mathbb{C}\{E\}$ les séries convergentes à variable dans $E \in \mathrm{Ob}\,\mathcal{B}_{\mathbb{C}}$ et $\mathcal{O}(E)$ l'anneau des germes à l'origi--ne de E de fonctions analytiques scalaires ; on a un isomorphisme canonique

$$\mathcal{O}(E) \approx \mathbb{C}\{E\} .$$

THÉORÈME 1 .

Soit $\underline{\underline{g}}$ un germe de $\mathcal{O}(E)$, non nul , $\underline{\underline{g}}(0) = 0$.

(i) On peut trouver une décomposition directe de l'espace $E = E' \oplus \mathbb{C}\,a$ (somme de $\mathcal{B}_{\mathbb{C}}$; a non nul) telle que la restriction du germe $\underline{\underline{g}}$ à $\mathbb{C}\,a$ ne soit pas identiquement nulle ; soit p son ordre .

(ii) S'il en est ainsi , pour tout germe $\underline{\underline{f}}$ de $\mathcal{O}(E)$, il existe un germe $\underline{\underline{Q}} \in \mathcal{O}(E)$ et un germe $\underline{\underline{R}}$ de $(\mathcal{O}(E'))[T]$ tels que

$$\underline{\underline{f}} = \underline{\underline{g}}\,\underline{\underline{Q}} + \underline{\underline{R}}$$ ($x = x' + t\,a$ permet de considérer $(\mathcal{O}(E'))\,T$ comme sous-anneau de $\mathcal{O}(E)$) , et $d^\circ \underline{\underline{Q}} < p$.

De plus $\underline{\underline{Q}}$ et $\underline{\underline{R}}$ sont déterminés de manière unique par ces conditions .

Corollaire .

Soit $\underline{\underline{g}}$ un germe non nul de $\mathcal{O}(E)$, $\underline{\underline{g}}(0) = 0$:

(i) Comme dans le théorème .

(ii) S'il en est ainsi , on peut trouver un élément inversible $\underline{\underline{h}}$ de $\mathcal{O}(E)$ et un polynome distingué $\underline{\underline{P}}$ de $(\mathcal{O}(E'))\,T$, tels que

$$\underline{\underline{g}} = \underline{\underline{h}}\,\underline{\underline{P}} \quad .$$

De plus $\underline{\underline{h}}$ et $\underline{\underline{P}}$ sont déterminés de manière unique par ces conditions .

THÉORÈME 2 .

Soit $E \in \mathrm{Ob}\,\mathcal{B}_{\mathbb{C}}$, l'anneau $\mathcal{O}(E)$ est factoriel .

Pour la démonstration de ces théorèmes , le lecteur se reportera à [7](les résul -tats sont énoncés pour les séries formelles , on passe aux germes de fonctions en utilisant l'isomorphisme rappelé ci-dessus) .

Nous allons étendre au cas banachique la notion de sous-ensemble analytique d'une variété analytique (pour les définitions et résultats élémentaires sur les variétés analytiques banachiques , on se reportera à [2]) . Nous énoncerons ensuite quelques résultats élémentaires qui s' établissent sans difficulté en utilisant les théorèmes 1 et 2 ci-dessus et des méthodes classiques en dimension finie (Cf. [6]) .

Définition .

Soit U une variété analytique complexe (banachique) , un sous-ensemble X de U est dit analytique si pour tout point x de U , il existe un triplet (V_x, f_x, F_x) , V_x étant un voisinage ouvert de x dans U , F_x un objet de $\mathcal{B}_{\mathbb{C}}$, et $f_x : V_x \longrightarrow F_x$ une application analytique tels que $V_x \cap X = f_x^{-1}(0)$.

Remarquons qu'un sous-ensemble analytique de U est fermé dans U .

Définition .

Soit X un sous-ensemble analytique de la variété U , on dira que X est de définition finie (resp. principal) en x de X si on peut trouver un triplet (V_x, f_x, F_x) avec F_x de dimension finie (resp. $\dim F_x = 1$ et x non intérieur à X dans U) .

On dira que X est de définition finie (rep. principal) dans U si X est de définition finie (resp. principal) en chacun de ses points .

PROPOSITION 1 .

Si X et Y sont deux sous-ensembles analytiques de la variété U , $X \cap Y$ et $X \cup Y$ sont des sous-ensembles analytiques de U . De plus si X et Y sont de définition finie , $X \cap Y$ et $X \cup Y$ sont également de définition finie .

Définition .

Soit X un sous-ensemble analytique d'une variété U , un point x de X est dit régulier s'il existe un voisinage ouvert V de x dans U tel que $X \cap V$ soit une sous-variété analytique directe de V .

Un point non régulier est dit singulier .

Soit a un point de la variété U , on définit de manière classique les ger--mes en a de sous-ensembles de U , si X est un tel sous-ensemble , son germe en a sera noté $\underline{\underline{X}}_a$. Un germe $\underline{\underline{X}}_a$ sera dit analytique (resp. analytique de défi--nition finie , resp. principal) s'il est induit par un sous-ensemble analytique (resp. analytique de définition finie , resp. principal) X d'un voisinage ouvert de a . Si U est un voisinage de 0 dans E , on note $\underline{\underline{X}}$ au lieu de $\underline{\underline{X}}_0$ pour un germe à l'origine . Si $f_1 , \dots , f_n$ sont des fonctions analytiques sur U , on note $V(f_1,\dots,f_n)$ le sous-ensemble analytique de U défini par les équations $f_i = 0$, on note $V(\underline{\underline{f}}_1,\dots,\underline{\underline{f}}_n)$ le germe analytique défini par les $\underline{\underline{f}}_i$.

On a à priori pour un germe analytique de définition finie deux notions d'irré--ductibilité :

Définition .

Soit $\underline{\underline{X}}_a$ un germe analytique , on dit que $\underline{\underline{X}}_a$ est totalement irréductible si toute égalité $\underline{\underline{X}}_a = \underline{\underline{Y}}_a \cup \underline{\underline{Z}}_a$, où $\underline{\underline{Y}}_a$ et $\underline{\underline{Z}}_a$ sont des germes analytiques entraîne $\underline{\underline{X}}_a = \underline{\underline{Y}}_a$ ou $\underline{\underline{X}}_a = \underline{\underline{Z}}_a$.

Définition .

Soit $\underline{\underline{X}}_a$ un germe analytique de définition finie , on dit que $\underline{\underline{X}}_a$ est irréduc--tible si toute égalité $\underline{\underline{X}}_a = \underline{\underline{Y}}_a \cup \underline{\underline{Z}}_a$, où $\underline{\underline{Y}}_a$ et $\underline{\underline{Z}}_a$ sont des germes analytiques de définition finie , entraîne $\underline{\underline{X}}_a = \underline{\underline{Y}}_a$ ou $\underline{\underline{X}}_a = \underline{\underline{Z}}_a$.

Pour un germe de définition finie , totalement irréductible entraîne évidemment irréductible , la réciproque est vraie mais nécessite un certain nombre de résultats préliminaires .

Lemme 1 .

Soit U une variété analytique banachique connexe , soit X un sous-ensemble analytique de U , alors $U - X$ est vide ou partout dense dans U .

PROPOSITION 2 .

Soit U une variété analytique banachique connexe , soit X un sous-ensemble analytique de U . Alors $U - X$ est vide ou est un ouvert connexe partout dense dans U .

THÉORÈME 3 .

Soit U un variété analytique banachique connexe , soit X un sous-ensemble analytique de U distinct de U . Soit $h : U - X \longrightarrow F$ ($F \in \mathrm{Ob}\, \mathcal{B}_{\mathbb{C}}$) , une application analytique , on suppose que h est localement bornée sur X . Alors il existe une fonction unique $\hat{h} : U \longrightarrow F$, analytique prolongeant h .

La démonstration de ce théorème utilise essentiellement le théorème 1 .

PROPOSITION 3 .

Soit U une variété analytique banachique connexe , soit X un sous-ensemble analytique de définition finie de U . Supposons que pour tout point x de X , le germe $\underline{\underline{X}}_x$ ne contienne aucun germe principal . Alors l'application de restriction

$$\rho : \mathcal{H}(U ; F) \longrightarrow \mathcal{H}(U - X ; F)$$

est un isomorphisme ($F \in \mathrm{Ob}\, \mathcal{B}_{\mathbb{C}}$; $\mathcal{H}(V ; F)$ désigne l'espace vectoriel des appli--cations analytiques de la variété V dans F).

La démonstration utilise les théorèmes 1 et 2 . L' hypothèse " X de défi--nition finie " est en fait inutile comme nous le verrons plus loin .

THÉORÈME 4 .

Soit U une variété analytique banachique , soit f une fonction continue sur U à valeurs scalaires , analytique en tous les points de U où $f(x) \neq 0$, alors

f est analytique sur U .

On se ramène à la dimension 1 en localisant le problème puis en utilisant un résultat de [4], en dimension finie le résultat est bien connu (théorème de RADO) .

Donnons quelques exemples de questions conduisant à des sous-ensembles analytiques de définition finie .

Etant donnée une variété analytique U , on définit de manière claire les fonctions méromorphes sur U , étant donné un point x de U , on note $\mathcal{O}_x$ (resp. $\mathcal{M}_x$) l'anneau des germes de fonctions analytiques scalaires (resp. méromorphes) en x . On désigne par $P(m)$ l'ensemble des pôles d'une fonction méromorphe m ($P(m) = \{x \in U \ / \ m_x \notin \mathcal{O}_x\}$) et par $T(m)$ l'ensemble des points d'indétermination de m ($T(m) = \{x \in U \ / \ m_x \notin \mathcal{O}_x$ et $m_x^{-1} \notin \mathcal{O}_x\}$).

On montre (comme en dimension finie , Cf. par exemple [5]) :

PROPOSITION 4 .

Soit m une fonction méromorphe sur U :

(i) $P(m)$ est un sous-ensemble analytique principal de U .

(ii) $T(m)$ est un sous-ensemble analytique de définition finie de U (localement définissable par deux germes analytiques scalaires) . De plus pour tout x dans U , $\underline{\underline{T(m)}}_x$ ne contient aucun germe principal .

Soit U une variété analytique banachique , soit $\mathcal{O}$ le faisceau des germes de fonctions analytiques scalaires , soit $\mathcal{F}$ un faisceau de $\mathcal{O}$-modules . On appelle rang de la fibre $\mathcal{F}_x$ et on note $rg\ \mathcal{F}_x$ la dimension du $\mathbb{C}$-espace vectoriel $\mathcal{F}_x \otimes_{\mathcal{O}_x} \mathbb{C}$.

On prouve en reprenant les méthodes de [1] :

PROPOSITION 5 .

Soit $E_m = \{x \in U \ / \ rg\ \mathcal{F}_x < m\}$, pour tout entier m . Si $\mathcal{F}$ est un $\mathcal{O}$-module de présentation finie , E_m est un sous-ensemble analytique de définition finie de U , en particulier le support de $\mathcal{F}$ est un sous-ensemble analytique de définition finie .

Passons à quelques exemples de sous-ensembles analytiques qui ne sont pas de définition finie .

Soit A une algèbre de Banach , soit X son spectre , X peur être considé-ré comme un sous-ensemble du dual fort A^* . Soit

$$f : A^* \longrightarrow \mathcal{L}(A \times A , \mathbb{C}) \quad \text{définie par}$$

$$f : \chi \longmapsto ((a,b) \longmapsto \chi(ab) - \chi(a).\chi(b)) ,$$

f est analytique (et même polynomiale de degré 2) , $X = f^{-1}(0)$ est donc un sous-ensemble analytique de A^* .

En utilisant ce résultat A. DOUADY a montré (Cf. [3]) que tout compact métrisable est homéomorphe à un sous-ensemble analytique d'un espace de Banach convenable , le sous-ensemble analytique en question n'ést généralement pas de défi-nition finie .

Soit E un espace de Banach complexe , on sait que si E est de dimension finie , les sous-ensembles analytiques compacts de E sont formés d'un nombre fini de points , ce qui précède prouve qu'il n'en est pas de même en dimension infinie , donnons un exemple explicite :

soit $E = l^2_{\mathbb{C}}$ (suites complexes de carré sommable) , soit $\{x^o_n\}_{n\in\mathbb{N}}$ une suite donnée possèdant les propriétés suivantes :

(i) $x^o_n \neq 0$ pour tout entier n .

(ii) $|x^o_N|^2 > \sum_{n > N} |x^o_n|^2$, pour tout entier N .

Soit $f : l^2_{\mathbb{C}} \longrightarrow l^2_{\mathbb{C}}$ définie par

$$f : \{x_n\}_{n\in\mathbb{N}} \longmapsto \{x^2_n - x^o_n.x_n\}_{n\in\mathbb{N}}$$

, on vérifie immédiatemen que f est bien définie et est polynomiale de degré 2 , donc analytique . Posons $X = f^{-1}(0)$, X est un sous-ensemble analytique de E , il est formé des suites $\{x_n\}_{n\in\mathbb{N}}$ avec x_n = soit 0 , soit x^o_n . On obtient :

(a) X muni de la topologie induite par E est homéomorphe à l'ensemble de Cantor , en particulier il est compact , totalement discontinu .

(b) X n'admet pas de points réguliers . De plus si U est un ouvert de E , si Y est un sous-ensemble analytique de U contenu dans U X , les seuls points réguliers de Y sont les points isolés .

(c) pour tout entier n on peut trouver une décomposition :

$\underline{\underline{X}} = \underline{\underline{X}}_1 \ \ldots \ \underline{\underline{X}}_n$, les $\underline{\underline{X}}_i$ étant analytiques et aucun des $\underline{\underline{X}}_i$ n'étant contenu dans la réunion des autres .

Passons à la "desciption locale " des germes analytiques irréductibles de définition finie .

Pour des raisons techniques on étend la notion de revêtement ramifié connue en dimension finie .

<u>Définition</u> .

Soit $E \in \mathrm{Ob}\,\mathcal{B}_{\mathbb{C}}$. Un revêtement <u>non</u> ramifié banachique est la donnée :

(i) d'une décomposition directe de l'espace $E = E' \oplus E''$, avec $\dim E'' = p$, d'une boule ouverte δ'' de centre 0 et de rayon $r'' > 0$ dans E'' et d'un ouvert connexe U de E' .

(ii) d'une sous-variété analytique (fermée) de $U \times \delta''$: X , possé--dant la propriété suivante :

si l'on note π la restriction à X de la projection $U \times \delta'' \longrightarrow U$, pour tout point x' de U , la fibre $\pi^{-1}(x')$ est finie et si $(x',x'') = x$ est un point de cette fibre , il existe un voisinage ouvert $V_{x'}$ de x' dans U , un voisinage ouvert $V_{x''}$ de x'' dans δ'' et une application analytique f de $V_{x'}$ dans $V_{x''}$ tels que $X \cap (V_{x'} \times V_{x''})$ soit le graphe de f .

On notera (X, π, U) un tel revêtement , remarquons que X est une sous-vari--été directe de $U \times \delta''$ de codimension p en tout point . On vérifie que $\mathrm{Card}\,\pi^{-1}(x)$ est constant sur U , on appelle cette constante degré du revêtement . Les composantes connexes de X sont en nombre fini inférieur ou égal au degré du revêtement et si Y est l'une quelconque de ces composantes $(Y, \pi_{|Y}, U)$ est un revêtement non ramifié .

<u>Définition</u> .

Un revêtement ramifié banachique est la donnée :

(i) d'une décomposition de l'espace $E = E' \oplus E''$, avec $\dim E'' = p$, d'une boule ouverte δ'' de centre 0 et de rayon $r'' > 0$ dans E'', d'un ouvert connexe U dans E'.

(ii) d'un fermé X de $U \times \delta''$ et d'un sous-ensemble négligeable A de U possèdant la propriété suivante :

si l'on note $X_o = X \cap ((U - A) \times \delta'')$ et π_o la restriction de π à X_o (π étant elle même la projection de X sur U, parallèlement à E''), on a :

(a) X est l'adhérence de X_o dans $U \times \delta''$.

(b) est une application "propre".

(c) $(X_o, \pi_o, U - A)$ est un revêtement non ramifié banachique, de degré d.

Rappelons qu'un sous-ensemble A d'une variété analytique U est dit négligeable dans U si pour tout ouvert U' de U et pour toute fonction analytique scalaire h sur $U' - A$, localement bornée sur U, il existe une fonction analytique unique $\hat{h}$ sur U' prolongeant h. Par ailleurs "propre" en (b) signifie que l'image réciproque d'un compact est un compact, on montre facilement qu'ici cela équivaut à la notion classique d'application propre.

Un revêtement ramifié sera noté (X, π, U, A), en pratique on ne distinguera pas deux revêtements ramifiés différant seulement par l'ensemble négligeable A et on notera aussi (X, π, U). L'entier d est le degré du revêtement.

Le résultat suivant précise la structure d'un revêtement ramifié banachique :

THÉORÈME 4.

Soit (X, π, U) un revêtement ramifié banachique (on emploie les notations précédentes, $x \in E$ se décompose en $x = x' + x''$; $x' \in E'$, $x'' \in E''$), alors :

(i) il existe un nombre <u>fini</u> de fonctions analytiques $\varphi_i : U \times \delta'' \longrightarrow \mathbb{C}$, telles que X soit défini dans $U \times \delta''$ par les équations $\varphi_i(x) = 0$. On peut de plus choisir les φ_i de telle façon que $\varphi_i(x', x'')$ soit polynomial en x''.

(ii) pour tout point x' de U, Card $\pi^{-1}(x')$ est fini et inférieur ou égal au degré d du revêtement.

(iii) si X est un cône (c. a. d. si pour tout x de X_o et tout scalaire λ, $|\lambda| \leq 1$, $\lambda . x$ appartient à X_o), alors on peut choisir pour φ_i des polynomes de

$\mathbb{C}[E]$ (anneau des polynomes à variable dans E).

Donnons quelques indications sur la démonstration de ce théorème : soit E''^* le dual de E'', soit u un élément de E''^* ; soit x' un point de $U - A$, soient $x''^1(x'),\ldots,x''^d(x')$ les points de $\pi^{-1}(x')$, les scalaires $u.x''^j(x')$ $(j=1,\ldots,d)$ sont les racines d'un polynome unitaire de degré d :

$$T(z;x';u) = z^d + a_1(x',u) + \ldots + a_d(x',u)$$

où $a_j(x',u)$ est un polynome homogène de degré j en u, à coefficients dans l'a--nneau des fonctions analytiques sur $U - A$, ces coefficients sont bornés sur $U-A$ et se prolongent de manière unique en des fonctions analytiques sur U, nous conti--nuerons à noter a_j les fonctions obtenues. La fonction T se prolonge ainsi en une fonction définie sur $\mathbb{C} \times U \times E''^*$ (également notée T). Un point $x = (x',x'')$ de X_o satisfait à la condition

$$(1) \quad T(\,u.x''\,;\,x'\,;\,u\,) = 0 \text{ , pour tout } u \text{ de } E''^* .$$

L'adhérence X de X_o dans $U \times \delta''$ satisfait donc à (1). Par ailleurs $T(u.x'';x';u)$ est un polynome de degré d en u et la condition (1) exprime que les coefficients de ce polynome sont tous nuls, on note $\varphi_i(x',x'')$ ces coefficients. Chacun des φ_i est un polynome de degré d en x'', à coefficients dans l'anneau des fonctions analytiques sur U.

On montre en utilisant le fait que π est propre que (1) définit exactement l'ensemble X ((1)pourrait à priori définir un ensemble plus grand).

<u>Corollaire</u> 1 .

Si (X,π,U) est un revêtement ramifié, X est un sous-ensemble analytique de définition finie de $U \times \delta''$ et l'ensemble X^* des points réguliers de X est dense dans X.

Passons à quelques propriétés des idéaux de $\mathcal{O}(E)$.

Tous les germes considérés sont pris à l'origine de E, à chaque germe d'ensemble analytique $\underline{X}$ on associe l'idéal $I(\underline{X})$ de (E) formé des germes s'annulant identi--quement sur $\underline{X}$. L'application $I : \underline{X} \longmapsto I(\underline{X})$ possède les propriétés sui--vantes :

PROPOSITION 6 .

(i) $\underline{\underline{X}}_1 \subset \underline{\underline{X}}_2 \Longrightarrow I(\underline{\underline{X}}_1) \supset I(\underline{\underline{X}}_2)$

(ii) L'application I restreinte à l'ensemble des germes analytiques de défini--tion finie est injective .

(iii) $I(\underline{\underline{X}}_1 \cup \underline{\underline{X}}_2) = I(\underline{\underline{X}}_1) \cap I(\underline{\underline{X}}_2)$.

(iv) si $\underline{\underline{X}}$ est totalement irréductible , $I(\underline{\underline{X}})$ est premier .

(v) pour ùn germe $\underline{\underline{X}}$ de définition finie , $\underline{\underline{X}}$ irréductible est équivalent à $I(\underline{\underline{X}})$ premier .

(vi) un idéal de la forme $I(\underline{\underline{X}})$ est égal à sa racine .

Remarque : j'ignore si (ii) s'étend aux germes quelconques et si la réciproque de (iv) est vraie .

Contrairement à ce que l'on fait en dimension finie en utilisant le fait que $\mathcal{O}(E)$ est noethérien , on ne peut pas ici en général associer de manière " raisonna--ble " un germe d'ensemble analytique à tout idéal de $\mathcal{O}(E)$, ceci conduit à intro--duire certaines familles d'idéaux .

Définitions .

Un idéal J de $\mathcal{O}(E)$, distinct de l'anneau tout entier est dit :

(i) propre , s'il existe un idéal I de $\mathcal{O}(E)$ de type fini , tel que :

$$I \subset J \subset I(\underline{\underline{V}}(I)) \quad .$$

(ii) quasi propre , s'il existe un germe analytique de définition finie $\underline{\underline{X}}$, non vide , tel que : $J \subset I(\underline{\underline{X}})$.

On vérifie immédiatement que si un idéal est propre , il est quasi-propre , la réciproque est fausse . Soient I_1 et I_2 deux idéaux de type fini de $\mathcal{O}(E)$, tels que :

$$I_1 \subset J \subset I(\underline{\underline{V}}(I_1)) \quad \text{et} \quad I_2 \subset J \subset I(\underline{\underline{V}}(I_2))$$, on a alors

$\underline{\underline{V}}(I_1) = \underline{\underline{V}}(I_2)$, on peut alors dire que si I est de type fini , avec

$I \subset J \subset I(\underline{\underline{V}}(I))$, $\underline{\underline{V}}(I)$ est le germe d'ensemble analyti--que défini par J et noter $\underline{\underline{V}}(J) = \underline{\underline{V}}(I)$.

On a immédiatement les exemples suivants :

un idéal de type fini est propre (la réciproque étant fausse), l'idéal d'un germe analytique de définition finie est propre , si J est un idéal propre , sa racine Rad J (intersection des idéaux premiers contenant J) est propre et réciproquement , de plus $\underline{\underline{V}}(J) = \underline{\underline{V}}(\text{Rad } J)$.

PROPOSITION 7 .

Si les idéaux J_1 et J_2 de $\mathcal{O}(E)$ sont propres :

(i) $J_1 + J_2$ est propre et $\underline{\underline{V}}(J_1 + J_2) = \underline{\underline{V}}(J_1) \cap \underline{\underline{V}}(J_2)$.

(ii) J_1J_2 et $J_1 \cap J_2$ sont propres , de plus $\underline{\underline{V}}(J_1J_2) = \underline{\underline{V}}(J_1 \cap J_2) = \underline{\underline{V}}(J_1) \cup \underline{\underline{V}}(J_2)$.

Pour les idéaux quasi propres :

la racine d'un idéal quasi-propre est quasi-propre (et inversement) , la somme de deux idéaux quasi-propres est quasi-propre , tout idéal contenu dans un idéal quasi-propre est quasi-propre , en particulier le produit (resp. l'intersection) d'un idéal quasi-propre et d'un idéal <u>quelconque</u> est quasi-propre . On ne peut en général pas parler du germe analytique défini par un idéal quasi-propre .

<u>Définition</u> .

Un idéal J de $\mathcal{O}(E)$ satisfait au lemme de normalisation pour une décomposition directe de l'espace $E = E' \oplus E''$ ($\dim E'' = p$) si l'application canonique $\mathcal{O}(E') \longrightarrow \mathcal{O}(E)/J$ est injective et fait de $\mathcal{O}(E)/J$ un $\mathcal{O}(E')$-module de type fini .

Remarquons que l'injectivité de $\mathcal{O}(E') \longrightarrow \mathcal{O}(E)/J$ est équivalente à $\mathcal{O}(E) \cap J = (0)$.

Rappelons la définition suivante :

<u>Définition</u> .

Etant donné un anneau A , une suite (finie ou non) d'éléments de A : $(s_1,\ldots,s_n)$ est une A-suite si s_{j+1} n'est pas diviseur de 0 dans $A/(s_1,\ldots,s_j)$ ($j=1,\ldots,n-1$) .

Etant donné un idéal J de l'anneau A , on dira qu'une A-suite est associée à J si elle est formée d'éléments de J . On dira qu'une A-suite associée à J est maximale si on ne peut pas trouver de A-suite associée à J strictement plus longue la contenant .

Notations :

on notera les décompositions directes $E = E' \oplus E''$: (E',E'') . Sur l'ensemble des décompositions directes on a une relation d'ordre

$$(E'_m,E''_m) \propto (E'_n,E''_n) \qquad E'_m \supset E'_n \quad \text{et} \quad E''_m \subset E''_n \quad .$$

On dira que $((E'_o,E''_o) ,\dots, (E'_n,E''_n) ,\dots)$, finie ou non est une suite de dé--compositions emboîtées si

$(E'_j,E''_j) \propto (E'_{j+1},E''_{j+1})$ ($j=0,\dots$) et si $\dim E''_j = j$, pour une telle suite , on peut choisir des bases $\{e_1,\dots,e_j\}$ pour les E''_j de telle manière que si $k < j$, la base de E''_k soit la "trace" sur E''_k de celle de E''_j .

Définition .

Soit une suite (finie ou non) de décompositions emboîtées de E ((E'_n,E''_n) ; $= x'_n + x''_n$) , et un choix de bases $\{e_1,\dots,e_n\}$ pour les E''_n ($x''_n = (z_1,\dots,z_n)$) .

Une suite de Weierstrass associée à cette suite et à ce choix de bases est la donnée pour chaque n d'un polynome de Weierstrass (polynome distingué) de $(\mathcal{O}(E'_n))[Z_n]$.

PROPOSITION 8 .

Toute suite de Weierstrass est une $\mathcal{O}(E)$-suite .

On établit (sans grande difficulté) un certain nombre de lemmes :

Lemme 2 .

Poor un idéal J de $\mathcal{O}(E)$, deux cas sont possibles :

(i) J contient une suite de Weierstrass infinie .

(ii) J contient une suite de Weierstrass maximale de longueur p . Si cette suite est associée aux décompositions emboîtées (E'_i,E''_i) , J satisfait de plus au lemme de normalisation pour (E'_p,E''_p) .

Lemme 3 .

Si l'idéal J de $\mathcal{O}(E)$ contient une suite de Weierstrass $(\underline{p}_1,\dots,\underline{p}_n)$; si (E'_i,E''_i) est la famille de décompositions emboîtées associée à cette dernière , l' application $\mathcal{O}(E'_i) \longrightarrow \mathcal{O}(E)/J$ fait de $\mathcal{O}(E)/J$ un $\mathcal{O}(E'_i)$-module de type fini (i=1,...,n) .

Lemme 4 .

Soit J un idéal de $\mathcal{O}(E)$ et $\underline{\underline{X}}$ un germe analytique défini par n germes scalaires de $\mathcal{O}(E)$, tel que $J \subset I(\underline{\underline{X}})$. Soit (E',E") une décomposition directe de E , si l'application

$$\mathcal{O}(E') \longrightarrow \mathcal{O}(E)/J$$ fait de $\mathcal{O}(E)/J$ un $\mathcal{O}(E')$-module de type fini , alors $\dim E'' \leqslant n$.

On en déduit le résultat suivant :

PROPOSITION 9 .

Tout idéal quasi-propre satisfait au lemme de normalisation .

Remarque : il y a en fait équivalence entre les deux notions , nous y reviendrons plus loin .

Pour un idéal de $\mathcal{O}(E)$, distinct de l'anneau tout entier , considérons les propriétés suivantes :

(i) J est de la forme $J = I(\underline{\underline{X}})$, où $\underline{\underline{X}}$ est un germe analytique de définiti--on finie .

(ii) J est propre .

(iii) J est quasi-propfe .

(iv) J satisfait au lemme de normalisation .

On vérifie immédiatement que (i) $\Longrightarrow$ (ii) $\Longrightarrow$ (iii) $\Longrightarrow$ (iv) .

THÉORÈME 5 .

Pour un idéal premier J de $\mathcal{O}(E)$ les quatre propriétés précédentes sont équivalentes .

Donnons le principe de la démonstration :

il suffit évidemment de montrer que (iv) $\Longrightarrow$ (i) ; on se ramène tout d'abord en utilisant les lemmes précédents et en recopiant les démonstrations classiques en dimension finie , à la situation suivante (on note (E',E'') la décomposition pour laquelle J satisfait au lemme de normalisation ; $x = x' + x''$) :

on a

(a) une base $(e_1,\dots,e_p)$ de E'' , on note $x'' = (z_1,\dots,z_p)$.

(b) un polydisque ouvert de centre 0 , $\Delta = \delta' \times \delta''$, avec

$\delta' = \{x' \in E' \,/\, \|x'\| < r'\}$ et $\delta'' = \gamma_1 \times \dots \times \gamma_p$, $\gamma_i = \{z_i e_i \,/\, |z_i| < \rho_i\}$.

(c) un polynome P de $(\mathcal{H}(\delta'))[Z_1]$, dont le germe $\underline{P}$ à l'origine est irré--ductible et distingué (on note $\mathcal{H}(\delta')$ l'anneau des fonctions analytiques sca--laires sur δ') . Soit $D \in \mathcal{H}(\delta')$ le discriminant de P .

(d) un revêtement ramifié banachique (X, π, δ', A) , X étant un fermé de Δ et A étant égal à $V(D)$, tel que J soit l'idéal des germes de $\mathcal{O}(E)$ qui s'annulent identiquement au voisinage de l'origine sur la "partie régulière" de X .

Le théorème se prouve alors en utilisant le théorème 4 .

Nous sommes maintenant en mesure de donner la "description" d'un germe irréducti--ble :

<u>THÉORÈME</u> 6 .

Etant donné un germe analytique de <u>définition finie</u> $\underline{X}$ à l'origine de E , on peut trouver :

- une décomposition directe de l'espace $E = E' \oplus E''$, $\dim E'' = p$.
- un polydisque ouvert $\Delta = \delta' \times \delta''$, δ' boule ouverte de centre 0 dans E' , δ'' boule ouverte de centre 0 dans E'' , et un représentant X de $\underline{X}$ dans Δ .
- un polynome $P(x';z)$ de $(\mathcal{H}(\delta'))[Z]$ et une fonction linéaire l de E''^{*} tels que (en notant π la projection de X sur δ' parallèlement à E'' et D le discriminant de P) :

(i) $(X, \pi, \delta', V(D))$ est un revêtement ramifié banachique de degré $d = d^\circ P$, aved de plus $X \cap E'' = \{0\}$.

(ii) $X - \pi^{-1}(V(D))$ et l'ensemble X^{*} des

points réguliers de X sont des ouverts connexes denses de X .

(iii) $P(\, x' \,;\, l(x'')\,)$ est identiquement nulle sur X et son germe en 0 est un polynome irréductible distingué .

(iv) si a est un point régulier de X où (E',E'') est un système de coordonnées pour X , alors $P'(\pi(a)\,;\, l(x''(a))\,) \neq 0$.

On en déduit facilement :

Corollaire .

Soit $\underline{\underline{X}}$ un germe analytique irréductible de définition finie , alors $\underline{\underline{X}}$ est totalement irréductible .

Les résultats précédents permettent d'introduire la notion de codimension d'un germe analytique irréductible de définition finie .

On montre qu'étant donné un germe analytique $\underline{\underline{X}}$ irréductible de définition finie l'entier $\dim E''$ pour toute décomposition directe (E',E'') pour laquelle $I(\underline{\underline{X}})$ satisfait au lemme de normalisation , ne dépend que de $\underline{\underline{X}}$, c'est par définition la codimension de $\underline{\underline{X}}$, on la note $\operatorname{codim} \underline{\underline{X}}$.

PROPOSITION 10 .

Soit $\mathfrak{P}$ un idéal premier propre de $\mathcal{O}(E)$, $\operatorname{codim} \underline{\underline{V}}(\mathfrak{P})$ est égale à la hauteur de l'idéal $\mathfrak{P}$.

Remarque : ceci prouve que tout idéal premier propre est de hauteur finie , nous montrerons plus loin la réciproque .

PROPOSITION 11 .

Soit $\underline{\underline{X}}$ un germe irréductible de définition finie , à l'origine de E . Soit H un sous-espace vectoriel de E .

(i) si $\underline{\underline{X}} \cap H = \{\underline{\underline{0}}\}$, $\dim H \leq \operatorname{codim} \underline{\underline{X}}$.

(ii) étant donnée une décomposition directe de l'espace (E',E'') , pour que $I(\underline{\underline{X}})$ satisfasse au lemme de normalisation pour cette décomposition , il faut et il suffit que $\underline{\underline{X}} \cap H = \{\underline{\underline{0}}\}$ et que $\operatorname{codim} \underline{\underline{X}} = \dim E''$.

(iii) si $\underline{\underline{X}} \cap H = \{\underline{\underline{0}}\}$, il existe un sous-espace vectoriel E'' de E , tel que : — $I(\underline{\underline{X}})$ satisfasse au lemme de normalisation pour toute décomposition directe $(E',E")$;

— $H \subset E"$.

Passons à l'étude des germes analytiques de définition finie , nous nous proposons essentiellement de montrer que l'on a comme en dimension finie une théorie de la décomposition en germes irréductibles (ceci n'étant en général plus vrai si l'on supprime l'hypothèse " de définition finie " , comme on peut le voir sur un des exemples ci-dessus) .En dimension finie le résultat sur la décomposition est presque évident , ici par contre on rencontre un certain nombre de difficultés techniques .

On commence par une étude purement "algébrique" des idéaux de $\mathcal{O}(E)$ satisfaisant au lemme de normalisation .

Soit J un idéal de $\mathcal{O}(E)$ satisfaisant au lemme de normalisation pour une décomposition directe $(E',E")$, dim $E" = p$.

<u>Lemme</u> 5 .

Il existe un nombre fini (non nul) d'idéaux premiers $\mathfrak{P}_i$ ($i \in I$) , contenant J et ne rencontrant pas $\mathcal{O}(E') - (0)$. Ces idéaux sont propres et admettent $(E',E")$ comme décomposition propre .

Notons $\mathfrak{J} = \bigcap_{i \in I} \mathfrak{P}_i$.

<u>Lemme</u> 6 .

L'idéal $\mathfrak{J}$ se compose des éléments x de $\mathcal{O}(E)$ tels qu'il existe b dans $\mathcal{O}(E')$, non nul et vérifiant $bx \in$ Rad J .

<u>Lemme</u> 7 .

Il existe un élément <u>non nul</u> $\underline{\underline{b}}$ de $\mathcal{O}(E')$ tel que tout idéal premier de $\mathcal{O}(E)$ qui contient J et ne contient pas $\mathfrak{J}$ contienne $\underline{\underline{b}}$.

<u>Lemme</u> 8 .

Avec les notations précédentes , on a

$$\text{Rad } J = \mathfrak{J} \cap \text{Rad } (J + (\underline{\underline{b}})) .$$

PROPOSITION 12 .

Soit J un idéal de $\mathcal{O}(E)$ satisfaisant au lemme de normalisation pour une décomposition directe (E'_p, E''_p) , dim $E''_p = p$. On peut trouver pour tout entier k (avec $p + k + 1 < \dim E$) :

(a) un nombre fini d'idéaux premiers propres $\mathfrak{P}_{p+k,j}$ $(j \in I_{p+k})$ de hauteur $p + k$ admettant (E'_{p+k}, E''_{p+k}) comme décomposition propre .

(b) un polynome de Weierstrass $\underline{g}_{p+k+1} \in (\mathcal{O}(E'_{p+k+1}))[Z_{p+k+1}]$.

tels que :

(i) $\operatorname{Rad} J = (\bigcap_{\substack{i=p,\dots,p+k \\ j \in I_i}} \mathfrak{P}_{ij}) \cap \operatorname{Rad} J_{k+1}$ (où l'on a noté $J_{k+1} = J + (\underline{g}_{p+1}, \dots, \underline{g}_{p+k+1})$) .

(ii) $E''_p \subset E''_{p+1} \quad \dots \subset E''_{p+k} \subset \quad \dots$.

Supposons maintenant l'idéal J propre (on sait qu'un idéal propre satisfait au lemme de normalisation) . Avec les notations précédentes on a :

Lemme 9 .

$$\underline{\underline{V}}(J) = (\bigcup_{i \in I} \underline{\underline{V}}(\mathfrak{P}_i)) \cup \underline{\underline{V}}(J + (\underline{g}_{p+1})) .$$

Ce lemme résulte du lemme 8 et des considérations faites sur les idéaux propres (Cf. proposition 7) . J'ignore si le résultat subsiste pour un idéal $J = I(\underline{\underline{X}})$, $\underline{\underline{X}}$ n'étant plus de définition finie , c'est une des raisons qui m'ont conduit à intro--duire les idéaux propres .

THÉORÈME 7 .

Soit J un idéal de type fini de $\mathcal{O}(E)$ engendré par les germes $\underline{f}_1, \dots, \underline{f}_n$. Il existe un nombre fini de germes de définition finie , irréductibles , $\underline{\underline{X}}_k$, $k \in K$, tels que :

$$\underline{\underline{X}} = \underline{\underline{V}}(J) = \underline{\underline{V}}(\underline{f}_1, \dots, \underline{f}_n) = \bigcup_{k \in K} \underline{\underline{X}}_k .$$

On peut de plus choisir les $\underline{\underline{X}}_k$ de telle façon que codim $\underline{\underline{X}}_k \leq n$, $\forall k \in K$.

On a immédiatement un corollaire :

Corollaire .

On peut choisir les $\underline{\underline{X}}_k$ de telle manière qu'aucun ne soit contenu dans la réu- -nion des autres , la décomposition obtenue est alors la seule vérifiant cette condi- -tion , de plus les $\underline{\underline{X}}_k$ ainsi obtenus sont les germes irréductibles maximaux contenus dans $\underline{\underline{X}}$.

Démonstration du théorème .

L'idéal J est de type fini donc propre , on peut lui appliquer la proposition 12 , en reprenant les notations co respondantes , on constate que les idéaux J_{k+1} sont de type fini , donc propres , en utilisant un certain nombre de fois le lemme 9 , on obtient :

$$\underline{\underline{V}}(J) = \Big(\bigcup_{\substack{i=p,\dots,p+k \\ j \in I_i}} \underline{\underline{X}}_{ij} \Big) \cup \underline{\underline{V}}(J_{k+1}) \quad , \text{ où l'on a posé } \underline{\underline{X}}_{ij} = \underline{\underline{V}}(\mathcal{P}_{ij})$$

On peut par ailleurs choisir la décomposition (E'_p, E''_p) de telle manière qu'il existe une suite de Weierstrass $(\underline{g}_1,\dots,\underline{g}_p)$ associée à J , $(\underline{g}_1,\dots,\underline{g}_{p+k})$ étant également pour tout k une suite de Weierstrass .

On suppose dim E = + ∞ , et on prend k = n - p , on pose $\underline{\underline{Z}} = \underline{\underline{V}}(J_{n-p+1})$:

$$\underline{\underline{X}} = \Big(\bigcup_{i,j} \underline{\underline{X}}_{ij} \Big) \cup \underline{\underline{Z}} \qquad \text{et} \qquad \underline{\underline{Z}} \subset \underline{\underline{V}}(\underline{g}_1,\dots,\underline{g}_{n+1})$$

On prend des représentants X , X_{ij}, Z dans un polydisque ouvert Δ assez pe- -tit , et des représentants $q_1 ,\dots, q_{n+1}$, $f_1 ,\dots , f_n$:

$$X = \Big(\bigcup_{i,j} X_{ij} \Big) \cup Z$$

supposons que $Z \not\subset \Big(\quad\ X_{ij} \Big)$, il existe un point a de Z qui n'appartient
$\quad\ \ {}_{i,j}$

pas à la réunion des X_{ij} , au voisinage d'un tel point X coïncide avec Z , autre- -ment dit , Z est au voisinage de a défini par les <u>n équations</u> $f_i = 0$, par ailleurs on peut montrer que (si Δ a été choisi assez petit) $\underline{\underline{Z}}_a$ est contenu dans le germe analytique défini par une suite de Weierstrass de longueur n + 1 :

$\underline{\underline{Z}}_a \subset \underline{\underline{V}}(\underline{\underline{r}}_{1a},\dots,\underline{\underline{r}}_{n+1a})$, on obtient alors une contradiction (intuitive- -ment Z est "trop petit" pour être défini par n équations) . On a finalement

$$Z \subset \bigcup_{i,j} X_{ij}$$

et $$X = \bigcup_{i,j} X_{ij}$$, le résultat s'en déduit en repassant aux germes .

Le théorème précédent a un certain nombre d'applications , il permet par exemple de développer une théorie de la codimension pour les sous-ensembles analytiques de définition finie , on étend également un certain nombre de propriétés classiques en dimension finie :

PROPOSITION 13 .

Soit X un sous-ensemble analytique de définition finie d'une variété analy--tique banachique U , l'ensemble des points réguliers de X est ouvert dense dans X .

Remarquons que ce résultat est comme nous l'avons vu plus haut généralement faux pour un sous-ensemble analytique quelconque .

On montre également en utilisant les résultats précédents (et en particulier ceux sur les revêtements ramifiés) un principe du maximum pour les sous-ensembles analytiques de définition finie d'une variété .

Nous n'avons pas résolu le "nullstellensatz" pour les idéaux de type fini de $\mathcal{O}(E)$, nous avons les résultats partiels suivant :

Lemme 10 .

Soit $(\underline{\underline{g}}_1,\dots,\underline{\underline{g}}_n)$ une suite de Weierstrass , on a :

$$I(\underline{\underline{V}}(\underline{\underline{g}}_1,\dots,\underline{\underline{g}}_n)) = \mathrm{Rad}\,(\underline{\underline{g}}_1,\dots,\underline{\underline{g}}_n) \quad .$$

Lemme 11 .

Pour toute $\mathcal{O}(E)$-suite $(\underline{\underline{s}}_1,\dots,\underline{\underline{s}}_n)$ on peut trouver une suite de Weierstrass de même longueur $(\underline{\underline{p}}_1,\dots,\underline{\underline{p}}_n)$ telle que pour tout j ($j=1,\dots,n$) l'idéal engendré par $(\underline{\underline{p}}_1,\dots,\underline{\underline{p}}_j)$ soit contenu dans l'idéal engendré par $(\underline{\underline{s}}_1,\dots,\underline{\underline{s}}_j)$ et que de plus les racines de ces idéaux soient égales .

On déduit de ces deux lemmes le résultat (nullstellensatz pour un idéal de type fini engendré par des germes définissant une intersection complète) :

PROPOSITION 14 .

Soit $(\underline{\underline{s}}_1,\ldots,\underline{\underline{s}}_n)$ une $\mathcal{O}(E)$-suite , on a :

$$I(\underline{\underline{V}}(\underline{\underline{s}}_1,\ldots,\underline{\underline{s}}_n)) = \mathrm{Rad}\,(\underline{\underline{s}}_1,\ldots,\underline{\underline{s}}_n) \ .$$

On en déduit le

Lemme 12 .

Si un idéal premier J de $\mathcal{O}(E)$ contient une suite de Weierstrass $(\underline{\underline{p}}_1,\ldots,\underline{\underline{p}}_m)$, alors $m \leqslant$ hauteur J .

De ce lemme résulte immédiatement

PROPOSITION 15 .

Pour un idéal premier J de $\mathcal{O}(E)$, les deux assertions suivantes sont équi--valentes :

(i) J est propre .

(ii) J est de hauteur finie .

Ceci permet d'abandonner la terminologie " idéal premier propre" pour celle plus classique d' "idéal premier de hauteur finie" , par ailleurs on sait maintenant qu'un idéal premier de hauteur finie de $\mathcal{O}(E)$ est de la forme $I(\underline{\underline{X}})$, $\underline{\underline{X}}$ étant irréductible de définition finie , on peut par exemple en déduire que les idéaux premiers de hauteur finie de $\mathcal{O}(E)$ sont fermés pour les topologies sur $\mathcal{O}(E)$ déduites des topologies $\mathfrak{M}(\mathbb{C}\{E\})$-adiques et définies par les $\mathfrak{M}_n(\mathbb{C}\{E\})$ par l'iso--morphisme canonique $\mathcal{O}(E) \approx \mathbb{C}\{E\}$.

Etant donné un idéal quelconque de $\mathcal{O}(E)$, on a les résultats suivants relatifs aux idéaux premiers de hauteur finie le contenant :

PROPOSITION 16 ,

Pour un idéal J de $\mathcal{O}(E)$, les deux assertions suivantes sont équivalentes:

(i) J est quasi propre .

(ii) J satisfait au lemme de normalisation .

La proposition a déja été prouvée dans le sens (i) $\Longrightarrow$ (ii) , dans l'autre elle se déduit du lemme 5 .

PROPOSITION 17 .

Soit J un idéal de $\mathcal{O}(E)$. Pour tout entier n , les idéaux premiers de $\mathcal{O}(E)$, de hauteur n , minimaux dans l'ensemble des idéaux premiers de hauteur finie contenant J , sont en nombre fini n(J) (éventuellement nul) . De plus si J n'est pas quasi-propre , n(J) = 0 pour tout entier n et réciproquement .

PROPOSITION 18 .

Soit J un idéal de $\mathcal{O}(E)$, il existe $p \in \mathbb{N} \cup \{+\infty\}$, vérifiant :

(i) $p = \operatorname{Inf} \{ n \,/\, n(J) = 0 \}$.

(ii) si J satisfait au lemme de normalisation pour une décomposition directe (E',E") alors dim E" = p ; J ne satisfait pas au lemme de normalisation est équivalent à $p = +\infty$.

(iii) si J contient une suite de Weierstrass maximale p est la longueur de toutes les suites de Weierstrass maximales contenues dans J .

(iv) $p = \operatorname{Sup} \{ n$ / il existe une $\mathcal{O}(E)$-suite de longueur n associée à $J \}$.

Définition .

L'entier p est appelé hauteur de J et noté ht J .

PROPOSITION 19 .

Soit J un idéal de $\mathcal{O}(E)$, pour tout entier p on peut trouver une décomposition

$$\operatorname{Rad} J = \Big(\bigcap_{\substack{i=1,\dots,p \\ j \ K_i}} \mathfrak{P}_{ij} \Big) \cap I_p$$

les $\mathfrak{P}_{ij}$ étant les idéaux de hauteur p de la proposition 17 (Card $K_i = i(J)$) et I_p étant un idéal de hauteur strictement supérieure à p .

Définition .

Etant donné un germe analytique $\underline{\underline{X}}$ on appelle codimension de $\underline{\underline{X}}$ (dans E) et on note codim $\underline{\underline{X}}$ le nombre ht $I(\underline{\underline{X}})$.

Etant donné un sous-ensemble analytique X d'une variété U , on définit la codimension de X dans U en x de X par $\operatorname{codim}_{x,U} X = \operatorname{codim} \underline{\underline{X}}_x$ (qui se calcule par une carte , le résultat ne dépendent pas de la carte choisie) .

On a les analogues géométriques des propositions 17 et 19 (la proposition 21 ci-dessous ne se déduit pas directement des résultats algébriques) :

PROPOSITION 20 .

Soit $\underline{\underline{X}}$ un germe analytique à l'origine de E . Pour tout entier n , les germes analytiques irréductibles de codimension n , maximaux dans l'ensemble des germes analytiques de codimension finie , irréductibles , contenus dans $\underline{\underline{X}}$ sont en nombre fini $n(\underline{\underline{X}}) = n(I(\underline{\underline{X}}))$ (éventuellement nul) . De plus " $\underline{\underline{X}}$ de codimension finie " est équivalent à " $n(\underline{\underline{X}}) \neq 0$ pour au moins un entier n " .

Les germes analytiques de la proposition sont appelés composantes irréductibles de codimension n de $\underline{\underline{X}}$. La famille de ces composantes est dénombrable mais n'est pas en général finie .

PROPOSITION 21 .

Soit $\underline{\underline{X}}$ un germe à l'origine de E , pour tout entier n on peut trouver une décomposition :

$$\underline{\underline{X}} = \left(\bigcup_{i,j} \underline{\underline{X}}_{ij} \right) \cup \underline{\underline{Z}}_n$$, les $\underline{\underline{X}}_{ij}$ étant les composantes irréductible de codimension $\leq n$ de $\underline{\underline{X}}$ et $\underline{\underline{Z}}_n$ étant un germe analytique de codimension $> n$.

Les définitions et résultats ci-dessus permettent de développer une théorie de la codimension des sous-ensembles analytiques . On peut par exemple définir la notion de composante irréductible (au sens global) de codimension finie d'un sous-ensemble analytique X d'une variété U , ces composantes sont les adhérences dans U des composantes connexes de X^{**} , ensemble des points réguliers de X , où la codimension est finie ; par un point de X il passe en général une famille démombrable de telles composantes . Certains résultats classiques se généralisent :

THÉORÈME 8 .

Soit U une variété analytique banachique connexe , soit X un sous-ensemble analytique de U , de codimension ≥ 2 en tout point . Alors toute fonction analy-

-tique (à valeurs banachiques) sur $U - X$ se prolonge de manière unique en une fon-
-ction analytiques sur U .

<u>Démonstration</u> : le théorème résulte des propositions 3 et 21 et des définitions .

Citons pour terminer un résultat plus difficile qui nécessite en plus des consi-
-dérations précédentes un certain nombre de développements techniques , c'est une extension d'un résultat établi en dimension finie par REMMERT et STEIN :

<u>THÉORÈME</u> 9 .

Soit U une variété analytique banachique , soit X un sous-ensemble analyti-
-que de U de codimension supérieure ou égale à p en tout point , soit Y un sous-ensemble analytique de $U - X$ de codimension inférieure ou égale à p en tout point . Alors l'ensemble des points de X singuliers essentiels pour Y est un sous-ensemble analytique de U de codimension p en tout point ou vide .

Rappelons que dans la situation du théorème un point de X est dit régulier pour Y si $\overline{Y}$ est un sous-ensemble analytique au voisinage de ce point , un point qui n'est pas régulier est singulier esssentiel .

Remarquons que Y et l'ensemble des points singuliers essentiels sont de défi-
-nition finie (un sous-ensemble analytique dont la codimension est finie en tout po-
-int et localement bornée est de définition finie) .

On a un certain nombre d'applications de ce théorème :

<u>THÉORÈME</u> 10 .

Soit $\mathbb{P}(E)$ l'espace projectif banachique associé au banach E , soit

$$\pi : E - \{0\} \longrightarrow \mathbb{P}(E) \text{ , la projection canonique .}$$

Si X est un sous-ensemble analytique de $P(E)$ dont la codimension est bornée sur $P(E)$, alors $\pi^{-1}(X) \cup \{0\}$ est un cône de E , ensemble des zéros communs à un nombre <u>fini</u> de polynomes de $C[E]$.

Autrement dit X est algébrique en un certain sens , ce résultat généralise le théorème de CHOW , comme pour démontrer ce dernier , on se ramène à prouver qu'un cône analytique (ici de définition finie) est algébrique , ceci ne peut se faire en recopiant la démonstration classique , on utilise le théorème 4 (iii) .

THÉORÈME 11 .

Soit U une variété analytique banachique , soit F un espace de Banach complexe , soit f une application analytique de U dans F . Les fibres de f sont des sous-ensembles analytiques de U et leur codimension dans U est une fonction semi-continue inférieurement de x U , en tout point de U où elle est finie .

THÉORÈME 12 .

Soit U une variété analytique banachique , soit X un sous-ensemble analytique de U , de codimension supérieure ou égale à 2 en tout point . Alors toute fonction méromorphe sur U - X se prolonge en une fonction méromorphe sur U .

Le lecteur intéressé par ces questions trouvera les démonstrations détaillées et un certain nombre d'autres résultats dans ma thèse (non encore publiée).

Les principaux résultats exposés ont été obtenus en collaboration avec H. CARTAN .

B I B L I O G R A P H I E

[1] CARTAN (H.). - Faisceaux analytiques cohérents (C.I.M.E.).

[2] BOURBAKI (N.). - Variétés différentiables et analytiques, fascicule de résultats. Hermann.

[3] DOUADY (A.). - A Remark on Banach Analytic Spaces; Stanford University, february 1968.

[4] DOUADY (A.). - Thèse (Institut Fourier Ann., Grenoble, t. 16, page 1-98, 1966).

[5] GUNNING (R.C.) et ROSSI (H.). - Analytic Functions of several complex variables. Englewood Cliff, Prentice Hall, 1965 (Prentice Hall Series in modern analysis).

[6] HERVE (M.). - Several complex variables, local theorie (Tate university).

[7] RAMIS (J.-P.). - Théorème de Weierstrass pour les anneaux de séries formelles et de séries convergentes sur un espace vectoriel normé.

- Factorialité des anneaux de polynômes de séries formelles et de séries convergentes. Séminaire P.LELONG; Analyse, 7e année, n° 2 et 3 .

Séminaire P.LELONG
(Analyse)
8e année, 1967/68.

26 Juin 1968

APPROXIMATION UNIFORME DANS C^n

par John W E R M E R

Soit X un espace compact et C(X) l'algèbre de toutes les fonctions continues à valeurs complexes définies sur X. Si $f_1, \ldots, f_k \in C(X)$, on désigne par $[f_1, \ldots, f_k]$ la sous-algèbre fermée de C(X) engendrée par les f_j et les constantes.

Pour $X \subset \mathbb{C}^n$ nous désignons par P(X) l'algèbre $[z_1, \ldots, z_n]$. Le théorème de Stone-Weierstrass donne les deux résultats suivants :

THÉORÈME α : Si $X \subset \mathbb{R}^n$, l'espace de tous les points réels de $\mathbb{C}^n$, alors P(X) = C(X).

THÉORÈME β: Si $X \subset \mathbb{C}^n$, alors

$$[z_1, \ldots, z_n, \bar{z}_1, \ldots, \bar{z}_n] = C(X).$$

Nous voulons parler de quelques généralisations de ces deux résultats. Ce sont des théorèmes obtenus par L.HÖRMANDER et l'auteur dans un article "Uniform Approximation ou Compact Sets in $\mathbb{C}^n$", à paraître dans Scandinavica Mathematica.

Nous rappelons que la convexité polynomiale de X est une condition nécessaire pour que P(C) = C(X).

Nous considérons une sous-variété $\sum$ réelle différentiable d'un ouvert de $\mathbb{C}^n$, de dimension réelle k, $1 \leqslant k \leqslant 2n$. Pour $x \in \sum$ soit T_x l'espace tangent à $\sum$ en x , considéré comme sous-espace linéaire réel de $\mathbb{C}^n$.

DÉFINITION : Une tangente complexe à $\sum$ en x est une ligne complexe (c'est-à-dire un sous-espace linéaire complexe de dimension un) contenue dans T_x.

THÉORÈME 1 : Soit $\sum$ de classe r de différentiabilité avec $r \geqslant 1/2k + 1$. Supposons que $\sum$ n'a aucune tangente complexe. Soit X un compact polynomialement convexe $\subset \sum$. Alors P(X) = C(X).

Remarque 1 : $\mathbb{R}^n$ satisfait à notre hypothèse , donc le théorème α est une conséquence du théorème 1.

Remarque 2 : Un théorème un peu moins général que le théorème 1 a été démontré par R. Nirenberg et R.O. Wells ("Holomorphie approximation on real submanifolds of a complex manifold", Bull.Amer.Math.Soc. 73 , p. 378-381), suivant une suggestion de Hörmander.

THÉORÈME 2 : Soit X un compact quelconque $\subset \mathbb{C}^n$ et Ω un voisinage de X. Soit $R = (R_1, \dots, R_n)$ un vecteur des fonctions définies et de classe C^{n+1} sur Ω. Alors on

$$[z_1, \dots, z_n, \bar{z}_1 + R_1, \dots, \bar{z}_n + R_n] = C(X)$$

si R satisfait à la condition

$$(*) \qquad |R(z) - R(z')| \leq k\,|z - z'| \ , \ z, z' \in \Omega,$$

k étant une constante < 1.

Remarque 1 : Si R = 0 on obtient le théorème β. Le théorème 2 donne une perturbation du théorème β.

Remarque 2 : Il serait intéressant d'arriver à la même conclusion avec l'hypothèse

(*) portant seulement sur les points z, z' $\in$ X, et sans aucune hypothèse de différentiabilité sur R.

On obtient le théorème 2 comme un corollaire du théorème 1 , en employant l'application : $z \to (z, \bar{z} + R(z))$ de Ω dans $\mathbb{C}^{2n}$.

Pour démontrer le théorème 1, on fait usage de la théorie de l'opérateur $\bar{\partial}$ dans les domaines de $\mathbb{C}^n$, due à Morrey, Kohn et Hörmander. On applique le théorème 2.2.3. de l'article "L^2 estimates and existence theorems for the $\bar{\partial}$ operator", L.Hörmander, Acta Math., 113, 1965.

Dans le cas de dimension 2, (k = 2 dans le théorème 1 et n = 1 dans le théorème 2) les théorèmes 1 et 2 sont dus à l'auteur, "Approximation on a disk", Math. Annalen 155, 1964 et "Polynomially convex disks", Math. Annalen 158, 1965, et à M. Freeman, "Some conditions for uniform approximation on a manifold", Function Algebras, Scott, Foresman et Co., 1965. Dans le cas de dimension 2, on dispose du résultat avec des hypothèses de régularité un peu plus faibles.

Une généralisation du théorème 1 au cas où il existe des tangentes complexes est donnée dans l'article mentionné d'Hörmander et de l'auteur.

Séminaire P.LELONG
(Analyse)
8e année, 1967/68.

Juin 1968

FONCTIONS PLURISOUSHARMONIQUES DANS LES ESPACES VECTORIELS TOPOLOGIQUES

par Pierre L E L O N G

Dans cet exposé on indiquera comment l'étude des fonctions plurisousharmoniques s'étend à un espace vectoriel topologique E de dimension non finie sur le corps C des nombres complexes. On donnera quelques résultats nouveaux qui complètent ceux de C.O.KISELMAN [3] , et ceux que nous avions donnés dans [5] . L'espace E sera toujours supposé <u>séparé</u> et <u>complet</u> (pour des exemples concernant le cas où E n'est pas complet, voir [2]) . Sauf indication contraire, la topologie T_E ne sera pas supposée localement convexe. En fin d'exposé, on appliquera la théorie au prolongement analytique.

1.- Rappelons que le filtre $\mathfrak{F}$ des voisinages de l'origine de E possède une base $\mathcal{B} \subset \mathfrak{F}$ formée de parties A disquées de E : $A \subset E$ est dit disqué (par rapport à l'origine) si $x \in A$ entraîne $\lambda x \in A$, pour $|\lambda| \leqslant 1$, $\lambda \in \mathbb{C}$. S'il existe une base $\mathcal{B}$ dénombrable, E est alors métrisable. Si, de plus, $\mathcal{B}$ est formé de parties convexes, E est un espace de Fréchet. On rappelle encore que s'il existe une base dénombrable $\mathcal{B}$ de $\mathfrak{F}$, alors pour une application $x \in E \rightarrow f(x) \in R$, définie sur un ouvert $G \subset E$, les propriétés sont équivalentes :

a) f est borné localement, c'est-à-dire tout $x \in G$ possède un voisinage $x + V$, $V \in \mathfrak{F}$, tel que $\sup f(x + x')$, $x' \in V$, soit fini.

b) f est borné sur les compacts.

c) f est borné sur les suites convergentes $x_n \rightarrow \xi \in G$, $x_n \in G$, $\xi \in G$.

En effet a) $\rightarrow$ b) est évident ; b) $\rightarrow$ c) résulte du fait que $\{x_n\} \cup \xi$ est un compact dans G ; On a c) $\rightarrow$ a) : en effet si f n'est pas localement borné dans G, il existe $\xi \in G$, tel que f ne soit borné dans aucun voisinage $V \in \mathfrak{F}$.

En particulier si $\{V_n\}$ désigne les éléments de $\mathcal{B}$, on peut associer à V_n un point $x_n \in V_n$, en lequel on a $f(x_n) > n$. Mais $\mathcal{B}$ étant une base de $\mathfrak{F}$, x_n converge vers ξ et $f(x_n)$ est non borné sur la suite convergente $\{x_n\}$ contrairement à l'hypothèse c).

On notera encore que si la topologie T_E n'est pas convexe, l'homothétique σV, $V \in \mathfrak{F}$, $\sigma > 1$, n'est pas nécessairement un voisinage de $\overline{V}$, mais étant donné $V \in \mathfrak{F}$, et p entier il existe $V' \in \mathfrak{F}$ tel que la somme vectorielle des p termes $U_p = V' + V' + \ldots + V'$ vérifie $U_p \subset V$.

2. - Fonctions plurisousharmoniques et fonctions convexes sur E. Soit E muni de sa topologie T_E. On donnera d'abord les deux définitions suivantes .

DÉFINITION 2.1. - Une application $x \in G \to f(x) \in R_-$ d'un ouvert $G \subset E$ (R_- désigne les réels fermés à gauche par $-\infty$) est dite plurisousharmonique si

(I) - f(x) est semi-continue supérieurement

(II) - pour tout disque $\Delta_{x,y} = [z \in E \; ; \; z = x + uy \; , \; u \in \mathbb{C}, \; |u| \leqslant 1]$

défini par son centre $x \in G$, $y \in E$, $y \neq 0$, et contenu dans G, on a

$$f(x) \leqslant \frac{1}{2\pi} \int_0^{2\pi} f(x + ye^{i\theta}) d\theta \; .$$

La propriété (II) est locale pour $f(x + uy) = \varphi(u)$; elle exprime que les restrictions de f aux composantes de $L_1 \cap G$, pour toute droite complexe L_1 , sont des fonctions sousharmoniques. Pour l'analogie on énoncera :

DÉFINITION 2.2. - Une application $x \in G \to f(x) \in R_-$ est dite convexe si elle vérifie (I) et

(II)' - pour tout segment $\ell_{x,y} = [z \in E, \; z = x + ty, \; -1 \leqslant t \leqslant 1] \subset G$,

on a

$$f(x) \leqslant \frac{1}{2} f(x + y) + \frac{1}{2} f(x - y) \; .$$

On vérifie que cette définition entraîne bien la continuité de f sur G ; d'autre part $f(x) = -\infty$ et $x \in G$ entraînent $f(x) \equiv -\infty$. Ce cas excepté f est une application continue de G dans R.

Plus généralement considérons une mesure positive ν sur la circonférence unité $0 \leqslant \theta \leqslant 2\pi$, vérifiant $|\nu| = 1$, et soit C_ν la classe des fonctions $x \in G \rightarrow f(x) \in R_-$ qui vérifient (I) et la condition

(II)" - pour tout disque $\Delta_{x,\, y} \subset G$, on a $f(x) \leqslant \int f(x + ye^{i\theta})\, d\nu(\theta)$.

Alors on a

PROPOSITION 2.3. - Toute classe C_ν est formée de fonctions plurisousharmoniques. En particulier les fonctions convexes sont plurisousharmoniques.

La démonstration s'obtient en remarquant que le produit de convolution de la mesure de Lebesgue $\frac{d\theta}{2\pi}$ par ν est la mesure de Lebesgue. On a donc en posant $y = y_1\, e^{i\psi}$:

$$f(x) \leqslant \int f(x + y_1\, e^{i(\theta + \psi)})\, d\nu(\theta) \leqslant \int f(x + y_1\, e^{i(\theta + \nu)}) d\nu(\theta) d\psi$$

$$\leqslant \frac{1}{2\pi} \int f(x + y_1\, e^{i\psi})\, d\psi$$

pour tout disque $\Delta_{x,\, y_1} \subset G$. Le cas des fonctions convexes correspond à $\nu = \left\{\frac{1}{2}\delta(o), \frac{1}{2}\delta(\pi)\right\}$

On notera dans la suite P(G) la classe des fonctions plurisousharmoniques dans l'ouvert $G \subset E$; P(E) induit un ensemble non vide sur P(G). En particulier si E^* est le dual topologique de E, pour tout $\ell \in E^*$ on a

$$|\ell(x)| \in P(G) .$$

Les propriétés suivantes sont immédiates : Soient $f_1, \ldots, f_N \in P(G)$, alors on a $\sup(f_1, \ldots, f_N) \in P(G)$. Soient $a_k > o$, alors on a $\sum_1^N a_k f_k \in P(G)$. Soit $f_n \searrow \varphi$, $f_n \in P(G)$, alors on a aussi $\varphi \in P(G)$.

PROPOSITION 2.4. - (principe du maximum) - Soit $f \in P(G)$, où G est un ouvert de E, et $\sup_{x \in G} f(x) = M < +\infty$. Alors si l'on a $f(\xi) = M$ et $\xi \in G$, on a $f(x) = M$ sur la composante ouverte de G qui contient ξ.

PROPOSITION 2.5. - (discontinuité des ensembles polaires) - Soit $e_\infty = \{x \in G \,;\, f(x) = -\infty\}$ et $f \in P(G)$. Alors l'intérieur $\overset{\circ}{e}_\infty$ est formé de composantes connexes $G_{(i)} \subset G$. En particulier si G est un domaine, e_∞ est d'intérieur vide, ou bien $f \equiv -\infty$.

Pour établir la proposition 2.4., on montre que l'ensemble $f(x) \geqslant f(\xi)$ est simultanément ouvert et fermé dans G. On opère de même pour la proposition 2.5., à partir de $\overset{\circ}{e}_\infty$, en utilisant le lemme suivant : soit $W \in \mathfrak{F}$; il existe $W' \in \mathfrak{F}$, W' disqué, tel que si l'on a $x_1 \in W'$, $x_2 \in W'$, le disque de centre x_1 qui porte x_2 sur son bord appartienne à W.

Soit toujours E^* le dual topologique de E.

PROPOSITION 2.6. - Soit $f \in P(G), f \geqslant 0$ et T_E convexe. Pour qu'on ait $\log f \in P(G)$, il faut et il suffit que pour tout élément $\ell \in E^*$, on ait $f_\ell(x) = f(x)\, |e^{\ell(x)}| \in P(G)$

La démonstration utilise la proposition correspondante pour n fini (n = 1 suffit) - cf [4] et le théorème de Hahn-Banach. Soit $\Delta_{x,y} \subset G$ et $\varphi(u) = f(x + uy) \geqslant 0$; il suffit de vérifier que $\psi(u) = \varphi(u)\, |e^{\alpha u}|$ est sousharmonique pour tout $\alpha \in \mathbb{C}$; le théorème de Hahn-Banach assure que pour α donné, $\alpha \in C$ et $y \in E$ donné, $y \neq 0$, il existe $\ell \in E^*$ tel que $\ell(y) = \alpha$; donc $f_\ell(x) \in P(G)$ entraîne que $\psi(u)$ soit sousharmonique, quel que soit $\alpha \in \mathbb{C}$ et l'on applique l'énoncé qui est classique pour dim E = 1 .

3. - Cas où E admet une involution. Supposons E muni d'une application anti linéaire $x \to \sigma(x)$ vérifiant $\sigma^2 = 1$, $\sigma(\lambda x) = \bar{\lambda}\sigma(x)$, $\lambda \in \mathbb{C}$. Alors soit $x' = \frac{1}{2}[x + \sigma(x)]$, et $x'' = \frac{1}{2i}[x - \sigma(x)]$. On a $x = x' + ix''$, $E = E_1 \oplus E_2$ avec $E_2 = i\, E_1$ et $E_1 \cap E_2 = 0$. On obtient le théorème suivant dont la démonstration sera donnée ailleurs (pour le cas

dim. $E < \infty$, cf [5].

THÉORÈME 3.1.- a) Soit $G = d_1 \times id_2$, $d_1 \subset E_1$, $d_2 \in E_2$ avec $x_2^\circ \in d_2$. Alors si $f \in P(G)$ est indépendant de x_2, f se réduit à une fonction convexe de $x_1 \in d_1$.

- b) Plus généralement si l'on a $f(x_1 + ix_2^\circ) \geqslant f(x_1 + ix_2)$ pour tout $x_1 + ix_2 \in G$, alors $f(x_1 + ix_2^\circ)$ est une fonction convexe de $x_1 \in d_1$.

4. - Applications holomorphes définies sur E. Soit G un ouvert de E. On partira de la définition suivante d'une application holomorphe $x \in G \longrightarrow f(x) \in F$, où E et F sont des espaces vectoriels topologiques sur $\mathbb{C}$ séparés et complets.

Une application $x \in G \subset E \longrightarrow f(x) \in F$ est dite holomorphe dans G (on suppose F séparé complet) si :

DÉFINITION 4.1.- (I) f(x) est continue.

(II) pour tout disque $\Delta_{x,\,y} \subset G$, f admet un développement

(1) $f(x + uy) = f(x) + A_{1,\,x,\,y}\, u + \dots + A_{q,\,x,\,y}\, u^q + \dots A_{q,\,x,\,y} \quad F$,

développement qu'on suppose uniformément convergent (x et y, $y \neq o$, étant fixés) pour $|u| \leqslant 1$.

On notera A(G) l'algèbre des fonctions holomorphes dans un ouvert G de E.

La condition (II) de la Définition 4.1. est locale, elle exprime que la restriction de f à une droite complexe est holomorphe. Nous dirons qu'un ouvert G_1 est strictement intérieur à G s'il existe un voisinage $V \in \mathfrak{F}$ tel que $G_1 + V \subset G$. Même pour une fonction holomorphe, l'image $f(G_1)$ de G_1 par $f \in A(G)$ n'est pas en général bornée. Exemple _ E est l'espace de Hilbert des $z = \{z_k\}$, $k \in N$, $z_k \in \mathbb{C}$, avec $\sum |z_k|^2 < 1$ et l'on définit :

$$F(z) = \sum_{o}^{\infty} z_k^k = 1 + z_1 + z_2^2 + \dots$$

$z \in E \longrightarrow F(z) \in \mathbb{C}$ est holomorphe sur tout E et les restrictions de F aux droites complexes $z = x + uy$, $u \in \mathbb{C}$ sont des fonctions entières de $u \in \mathbb{C}$.

Si l'on considère F dans une boule $\|z\| \leqslant R$, alors $|F|$ y est borné si $R < 1$. Pour $R > 1$ la boule contient à partir d'une certaine valeur de l'entier p les points $a_p = \left[z_j = 0, j \neq p, \ z_p = 1 + \frac{1}{\sqrt{p}} \right]$ et $F(a_p) \to +\infty$, donc $M(R) = \sup |F(z)|$ pour $\|z\| \leqslant R$ vaut $+\infty$ si $R > 1$. Pour $R \leqslant 1$, on a d'autre part $|F(z)| \leqslant 1 + \|z\| + \|z\|^2 \leqslant 3$, donc $M(R) \leqslant 3$ pour $R \leqslant 1$. L'exemple analogue $F_1(z) = \sum_0^\infty k\, z^k$, donne un résultat semblable, mais M(R) est borné dans l'intervalle ouvert $0 \leqslant R < 1$ et $M(1) = +\infty$. En général pour dim $E = +\infty$, un domaine G_1 strictement intérieur à G n'est donc pas domaine de majoration d'une fonction $f \in A(G)$. De la définition 4.1. découle d'autre part :

PROPOSITION 4.2. - Si f est une fonction holomorphe dans $G \subset E$, on a $\log |f| \in P(G)$.

L'exemple précédent montre alors qu'une fonction plurisousharmonique $V \in P(G)$ n'est pas nécessairement majorée sur un domaine G_1, strictement intérieur à G.

THÉORÈME 4.3. - Soit G un ouvert de E, f une application holomorphe de G dans un espace vectoriel F ; E et F sont supposés séparés et complets mais non localement convexes. Soit $\mathfrak{F}, \mathfrak{F}'$ respectivement le filtre des voisinages de l'origine pour E et F . Enfin soit V une fonction plurisousharmonique sur $f(G) + W$, avec $W \in \mathfrak{F}'$. Alors

$$V_1 = V \circ f$$

est plurisousharmonique dans G.

Démonstration. La semi continuité supérieure de V_1 dans G est évidente. Reste à établir la propriété (II) de la définition 2.1. pour un disque $\Delta_{x,y} \subset G$, soit :

$$V \circ f(x) \leqslant \frac{1}{2\pi} \int_0^2 V \circ f(x + y\, e^{i\theta})\, d\theta$$

Par hypothèse l'application $f(x + y\, u)$ est développable en série ordonnée selon les puissances croissantes de u selon (1) : soit $f_q(x, y, u)$ la somme des $q + 1$ premiers termes du développement ; x et y étant fixés de manière qu'on ait $\Delta_{x,\, y} \subset G$, on a

$$f(x + uy) = \lim_{q=\infty} f_q(x, y, u)$$

uniformément pour $|u| \leqslant 1$. Il existe donc q_o tel que pour $q > q_o$, on ait $f_q(\Delta_{x,y}) \subset f(G) + W$. Il en résulte que $V \circ f_q(x + uy)$ est défini pour $q > q_o$, $|u| \leqslant 1$. De plus $K = f(\Delta_{x,\, y})$ étant un compact, $M = \sup_{\xi \in K} V(\xi)$ est fini et il existe $W' \in \mathfrak{F}'$, $W' \subset W$, tel que $f(x + yu) - f_q(x + yu) \in W'$ pour $|u| \leqslant 1$, $q > q_1 \geqslant q_o$. On choisit W' "assez petit" pour que V soit borné sur $K + W'$ par un nombre fixe $M' > M$. Alors pour $q > q_1$, $|u| \leqslant 1$, les fonctions de u notées $V \circ f_q(x, y, u)$ (où x et y sont fixés) sont bornées supérieurement par M'.

L'application $\Delta_{x,\, y} \longrightarrow f_q(\Delta_{x,\, y})$ du disque $\Delta_{x,\, y}$ dans F se fait dans un sous-espace vectoriel $F_q \subset F$ sous-tendu par les éléments $f(x), A_{1,\, x,\, y}, \dots A_{q,\, x,\, y} \in F$ et l'image dans F_q est une variété analytique S_q définie en écrivant $z_o = 1$, $z_1 = u$, ... $z_q = u^q$, $u \in \mathbb{C}$, $|u| \leqslant 1$. D'après le théorème en dimension fini (cf. [4]) la restriction de V à S_q est une fonction sousharmonique de u. On a alors la propriété de la moyenne :

$$V \circ f(x) = V \circ f_q(x) \leqslant \frac{1}{2\pi}\int_o^{2\pi} V \circ f_q(x + rye^{i\theta})d\theta \quad , r < 1$$

$$V \circ f(x) \leqslant \limsup_{r \to 1} \frac{1}{2\pi}\int_o^{2\pi} V \circ f_q(x + rye^{i\theta})d\theta \leqslant \frac{1}{2\pi}\int_o^{2\pi} V \circ f_q(x + ye^{i\theta})d\theta$$

Appliquons le lemme de Fatou, les fonctions $\varphi_q(\theta) = V \circ f_q(x + ye^{i\theta})$ étant, d'après ce qui précède, bornées supérieurement. On obtient :

$$V \circ f(x) \leqslant \text{lim. sup.}_{q \to +\infty} \frac{1}{2\pi}\int_o^{2\pi} V \circ f_q(x + ye^{i\theta})d\theta$$

$$V \circ f(x) \leqslant \frac{1}{2\pi}\int_o^{2\pi} \text{lim. sup. } V \circ f_q(x + ye^{i\theta})d\theta$$

$$V \circ f(x) \leqslant \frac{1}{2\pi}\int_o^{2\pi} V \circ f(x + ye^{i\theta})d\theta$$

d'après la semi-continuité supérieure de V sur $f(\Delta_{x,\, y})$, ce qui achève la démonstration.

L'énoncé ne suppose pas la topologie de F localement convexe.

5. - Application aux fonctions plurisousharmoniques homogènes et aux semi-normes. On dira que $V \in P(E)$ est homogène de degré $\sigma > 0$ si l'on a pour tout $x \in E$ et tout $u \in \mathbb{C}$, $V(ux) = |u|^{\sigma} V(x)$.

THÉORÈME 5.1. (cf. [5] en dimension finie) - Soit $V \in P(E)$, homogène d'ordre $\sigma > 0$. Alors on a $V \geqslant 0$, et $\log V \in P(E)$, ou bien on a $V \equiv -\infty$ dans E.

Soit en effet $x_o \in E$ $x_o \neq 0$ et $V(x_o) < 0$; alors $\varphi(u) = V(ux_o)$, $u \in \mathbb{C}$, tend vers $-\infty$ quand $|u| \to +\infty$. On a donc $\varphi(u) \equiv -\infty$ et pour $u = 0$, $V(0) = -\infty$. Si $V(x_o) > -\infty$ on a $V(ux_o) = \varphi(u) = |u|^{\sigma} V(x_o)$ donc $V(0) = 0$ pour $u = 0$; la contradiction établit alors $V(x_o) = -\infty$, c'est-à-dire $V(x) \equiv -\infty$. Finalement si $V \not\equiv -\infty$, on a $+\infty > V(x) \geqslant 0$ pour tout $x \in E$ différent de l'origine ; il en résulte qu'on a $V = 0$ à l'origine, ce qui achève la démonstration de la première partie.

Pour la seconde, on considère un élément ℓ du dual topologique E^* et on applique la proposition 2.6. obtenue plus haut. L'application
$f : z \in E \to z' = ze^{\frac{\ell(z)}{\sigma}}$ qui est dans E une similitude de centre 0, de rapport variable avec z, est une application holomorphe de E dans E car si l'on pose $z = x + uy$, $u \in \mathbb{C}$, $\exp \frac{1}{\sigma}\left[\ell(x) + u\ell(y)\right]$ est une fonction g(u) holomorphe de u et il en est de même de l'application $u \to g(u)(x + uy)$. Alors le théorème 4.1. donne

$$V \circ f = V\left[ze^{\frac{\ell(z)}{\sigma}}\right] = \left|e^{\frac{\ell(z)}{\sigma}}\right|^{\sigma} V(z) = \left|e^{\ell(z)}\right| V(z) \in P(E)$$

on achève la démonstration en appliquant la proposition 2.6.

On en déduit :

THÉORÈME 5.2. - a) Soit p(x) une semi-norme continue sur un espace vectoriel séparé et complet. Alors log p(x) est plurisousharmonique.

b) Soit $p(x)$ une semi-norme continue sur F séparé et complet et f une application holomorphe de $G \subset E$ dans F. Alors $\log p \circ f$ est plurisousharmonique sur G.

c) Soit $p(x)$ une semi-norme continue sur F séparé et complet ; alors $\log p(x - y)$ est une fonction plurisousharmonique sur $F_x \times F_y$.

Dans la suite si $p(x)$ est une semi-norme continue, on désigne par $B_{p, x, \alpha}$ la boule $[x ; p(x' - x) < \alpha]$, $\alpha > 0$, $x \in E$, $x' \in E$; c'est un domaine contenant x'. Si pour une fonction $V \in P(G)$, où G est un domaine de E, et pour $x \in G$, x fixé, il arrive que V est borné dans $B_{p, x, \alpha}$ pour $\alpha < \lambda(x)$, mais non pour $\alpha > \lambda(x)$, la boule $B_{p, x, \alpha}$ étant de plus strictement intérieure à G, nous dirons que $\lambda(x)$ est le rayon de majoration au point x de la fonction V, relativement à la semi-norme p (supposée continue sur E).

<u>THÉORÈME 5.3.</u> - Si dans un domaine $G_1 \subset G$, le rayon de majoration $\lambda(x)$ de V existe, on a $-\log \lambda(x) \in P(G_1)$.

C'est une conséquence de l'énoncé suivant :

<u>PROPOSITION 5.4.</u> - Soit $V \in P(G)$, G domaine de E · supposons que l'ouvert $\Omega_n = [x \in G ; V(x) < n]$ soit strictement intérieur à G. Soit $\rho_n(x, y)$ le sup. de ρ tel que le disque $\delta_{x, y} = [x \in \Omega; y \in G, y \neq 0, z = x + uy, |u| \leq \rho]$ soit contenu dans Ω_n. Alors sur tout domaine G_1 strictement intérieur à Ω_n, $-\log \rho_n(x, y)$ est fonction plurisousharmonique de x pour y fixé, $y \neq 0$. Plus précisément, $-\log \rho_n(x, y)$ est fonction plurisousharmonique de $(x \times y)$ pour $x \in G_1$, $y \in W - 0$, $W \in \mathfrak{F}$, W étant tel que l'on ait $G_1 + W \subset \Omega_n$. On a de plus pour tout $\sigma \in \mathbb{C}$: $\rho_n(x, \sigma y) = |\sigma|^{-1} \rho_n(x, y)$.

En effet $\delta_{x,\,y}$ étant un compact, $-\log \rho_n(x, y)$ est semi-continu supérieurement de $(x \times y)$. De plus si l'on pose $x = x_o + av$, $y = y_o + bv$, a et b fixés, $a \in$ $b \in E$, $y_o \in E$, $y_o \neq 0$, $v \in \mathbb{C}$, le point $z = x + uy = x_o + av + u\,(y_o + bv)$, $u \in \mathbb{C}$ se trouve dans un sous-espace C^4 déterminé par (x_o, y_o, a, b) ; la section de Ω_n par ce sous-espace de dimension finie est un ouvert pseudo-convexe et la restriction de $-\log \rho_n(x, y)$ à la droite complexe D : $[x = x_o + av, y = y_o + bv]$, $D \in E \times (E - 0)$ est sousharmonique de v selon une propriété classique (cf. [4], [5 ce qui établit la propriété (II) de la définition 2.1.

Le théorème 5.3. en résulte car on a

$$\lambda_n(\xi) = \inf \rho_n(\xi, y) \qquad \text{pour } p(y) \leqslant 1 \ , \ y \neq 0 \ ,$$

$$-\log \lambda_n(\xi) = \sup \left[-\log \rho_n(\xi, y)\right] \quad \text{pour } p(y) \leqslant 1$$

La semi norme étant continue, λ est continue et $-\log \lambda_n(\xi)$ est semi continu supérieurement. Un énoncé établi plus loin (théorème 7.2.) montre alors qu'on a $-\log \lambda_n(\xi) \in P(\Omega_n)$.

Quand $n \to \infty$, les $-\log \lambda_n(\xi)$ forment une suite décroissante de fonctions plurisousharmoniques définies sur un voisinage de $x \in G_1$ à partir d'une certaine valeur de n et leur limite est une fonction plurisousharmonique, $-\log \lambda(\xi)$; par définition, elle est continue, ce qui achève la démonstration.

<u>COROLLAIRE 5.5.</u> - Soit $V \in P(E)$, où E est un Banach; considérons la boule maxima de majoration pour V, de centre $\xi \in E$, soit $\|x - \xi\| < \rho(\xi)$. Alors $U(x) = -\log \rho(x)$ est une fonction plurisousharmonique continue sur E ou est identique à $-\infty$ (s'il en est ainsi V a la propriété d'être bornée sur les bornés de E). L'énoncé associe ainsi à toute fonction $V \in P(E)$ une autre fonction $U \in P(E)$.

6. - <u>Ensembles polaires</u>. On a vu plus haut que si V est plurisousharmonique dans un domaine $G \subset E$, alors ou bien $V \equiv \infty$, ou bien $[x \in G \ ; \ V(x) = -\infty]$ est d'intérieur vide. D'où, comme dans le cas de la dimension finie :

DÉFINITION 6.1. - Une partie $A \subset G$ est dite polaire dans le domaine $G \subset E$ si l'on a $A \subset A' = \left[x \in G \ ; \ V(x) = -\infty\right]$.

On a vu $\mathring{A} = \emptyset$; A est contenu dans A' qui est un G_δ polaire. Une réunion d'ensembles polaires dans G est-elle encore polaire ? Si l'on se réfère à la démonstration de la propriété donnée pour dim. $E < \infty$ (cf. 6_b, proposition 2.6.) on obtient, en procédant de même l'énoncé suivant :

THÉORÈME 6.1. - Soient $A_q \subset A'_q = \left[x \in G \ ; \ V_q(x) = -\infty, \ V_q \in P(G)\right]$ des ensembles polaires dans G ; s'il existe une suite de domaines croissants $G_q \nearrow G$ tels que $\sup. V_q(x) = m_q < \infty$ sur G_q, alors $A = \bigcup\limits_q A_q$ est polaire ou est G lui-même. Dans le cas dim. $E < \infty$, on peut prendre pour G_q une suite exhaustive de compacts et d'autre part la propriété triviale que les A_q sont localement de mesure nulle exclut $A = G$. Dans le cas dim. $E = \infty$, faute de mieux, on énoncera :

DÉFINITION 6.2. - Une partie $A \subset G$ est dite strictement polaire dans $G \subset E$ si l'on a $A \subset A' = \left[x \in G \ ; \ V(x) = -\infty ; \ V \in P(G) \ ; \ V(x) \leqslant 0 \text{ dans } G\right]$.

THÉORÈME 6.3. - Une réunion dénombrable d'ensembles A_q strictement polaires dans un domaine $G \subset E$ est strictement polaire, ou bien G lui-même est réunion dénombrable d'ensembles A'_q strictement polaires dans G.

En effet, soit $A_q \subset A'_q = \left[x \in G \ ; \ V_q(x) \leqslant 0, \ V_q \in P(G) \ ; \ V_q(x) \leqslant 0 \text{ dans } G\right]$. Alors s'il existe $\xi \in G$, $\xi \notin A'_q$, on a $V_q(\xi) \neq -\infty$ et on peut choisir la constante $a_q > 0$ de manière que $V'_q(\xi) = a_q V_q(\xi) = -\varepsilon_q$ avec $\sum \varepsilon_q < \infty$, $\varepsilon_q > 0$. Alors $S(x) = \sum V'_q(x) = \sum a_q V_q(x)$ est plurisousharmonique dans G, $\not\equiv -\infty$, et l'on a $A \subset \left[x \ ; \ S(x) = -\infty ; \ S(x) \leqslant 0 \text{ dans } G\right]$. Le problème est ouvert de savoir s'il existe des espaces vectoriels topologiques dans lesquels une réunion dénombrable de strictement polaires peut avoir un intérieur non vide.

DÉFINITION 6.4. - Nous appellerons pluriharmonique dans $G \subset E$ une fonction h pour laquelle h et - h sont plurisousharmoniques.

Une telle fonction f est continue ; elle vérifie l'égalité de la moyenne $h(x) = \frac{1}{2\pi}\int_0^{2\pi} h(x + ye^{i\theta})d\theta$ pour tout disque $\Delta_{x,y} \subset G$. Si l'on a $V \in P(G)$, al V - h est aussi plurisousharmonique.

7. - Familles localement bornées supérieurement. Rappelons les résultats donné dans [3 et 6_a].

THÉORÈME 7.1. - Soit $\{f_{(i)}\}$ une famille $f_{(i)} \in P(G)$,(G domaine de E), localeme bornée supérieurement. Alors si l'on considère $g(x) = \sup_{(i)} f_{(i)}(x)$ et sa régulari supérieure $g^* = \text{reg. sup. } g$, g^* est plurisousharmonique dans G .

Rappelons que si $\mathfrak{F}$ est le filtre des voisinages V de l'origine on définit $g^*(x) = \lim_{\mathfrak{F}} [\sup_{y \in V} g(x + y)]$. Si $\mathfrak{F}$ a une base dénombrable, il existe des suit $V_n \in \mathfrak{B}$, $y_n \in V_n$, de manière qu'on ait $g^*(x) = \lim._n \sup.\ g(x + y_n)$.

Ceci posé, $g^*(x)$ est semi-continue supérieurement par construction ; il en rés te que l'intégrale $g^*(x, y) = \frac{1}{2\pi}\int_0^{2\pi} g^*(x + ye^{i\theta})d\theta$, pour le disque $\Delta_{x,y} \subset G$, est une fonction semi-continue supérieurement de x, y , donc de x pour y fixé, y ≠ D'autre part on a pour tout (i) : $f_{(i)} \leqslant \sup f_{(i)} = g \leqslant g^*$

$$f_{(i)}(x) \leqslant \frac{1}{2\pi}\int_0^{2\pi} f_{(i)}(x + ye^{i\theta})d\theta \leqslant \frac{1}{2\pi}\int_0^{2\pi} g^*(x + ye^{i\theta})d\theta \quad ,$$

$$g(x) \leqslant \frac{1}{2\pi}\int_0^{2\pi} g^*(x + ye^{i\theta})\, d\theta$$

Le second nombre est semi-continu supérieurement en x, on peut donc écrire aus

$$g^*(x) \leqslant \frac{1}{2\pi}\int_0^{2\pi} g^*(x + ye^{i\theta})d\theta \ ,$$

qui achève la démonstration. Signalons que l'énoncé a été étendu à des fonctions plus générales que les fonctions plurisousharmoniques par NOVERRAZ (7).

Dans le cas où l'ensemble $\mathfrak{I}$ des indices (i) est un ordonné filtrant on peut définir

$$s(x) = \lim_{i \in \mathfrak{J}} \sup. \; f_{(i)}(x)$$

A-t-on encore $s^*(x) \in P(G)$? La méthode de KISELMAN [3] reprise dans [6_a] utilise d'une manière fondamentale des propriétés de dénombrabilité, à la fois pour une base $\mathfrak{B}$ de $\mathfrak{F}$ (sur E) et pour une base du filtre $\mathfrak{J}$, afin d'appliquer le lemme de Fatou, et nous n'en savons pas plus (sauf à remarquer qu'il est inutile de supposer la topologie T_E convexe), c'est-à-dire:

THÉORÈME 7.2. - Soit E un espace vectoriel séparé, complet, possèdant une base $\mathfrak{B}$ dénombrable pour le filtre $\mathfrak{F}$ des voisinages de l'origine. Soit $f_{(i)}, (i) \in \mathfrak{J}$ une famille de fonctions plurisousharmoniques dans un domaine $G \subset E$, localement bornée supérieurement. On suppose de plus que $\mathfrak{J}$ est un ordonné filtrant admettant une partie I_q cofinale dénombrable. Alors si $s(x) = \lim_{\mathfrak{J}} \sup. \; f_{(i)}(x)$, $s^*(x)$ est plurisousharmonique.

Seule l'inégalité de la moyenne pour $s^*(x)$ est à vérifier. Il existe une suite $x_p \to 0$ telle que $s^*(x) = \lim s(x + x_p)$; on peut supposer que pour tout p, le disque $\Delta_{x+x_p, y}$ est dans G, $(y \neq 0)$; la réunion $\bigcup_p \Delta_{x+x_p, y}$ est alors relativement compacte dans G et les $f_{(i)}$ sont uniformément majorées sur cet ensemble; x et y étant fixés, on considère d'abord;

$$s(x + x_p) = \lim_q \sup_{i \in I_q} \; f_{(i)}(x + x_p) \leqslant \lim_q \sup_{i \in I_q} \; \frac{1}{2\pi} \int_0^{2\pi} f_{(i)}(x + x_p + ye^{i\theta}) d\theta$$

$$s(x + x_p) \leqslant \frac{1}{2\pi} \int_0^{2\pi} (\lim_q . \sup_{I_q} \; f_{(i)}(x + x_p + ye^{i\theta}) d\theta$$

par le lemme de Fatou, appliqué à l'intégrale inférieure. D'où :

$$s(x + x_p) \leqslant \frac{1}{2\pi} \int_0^{2\pi} s(x + x_p + ye^{i\theta}) d\theta$$

Choisissons la suite $x_p \to 0$ de manière que

$$s^*(x) = \lim. \sup_p \; s(x + x_p) .$$

Alors, en utilisant une seconde fois le lemme de Fatou, on a

$$s^{*}(x) \leqslant \lim.\sup_{p} \frac{1}{2\pi} \int_{*0}^{2\pi} s(x + x_p + ye^{i\theta})d\theta$$

$$\leqslant \frac{1}{2\pi} \int_{*0}^{2\pi} \lim.\sup_{p} s(x + x_p + ye^{i\theta})d\theta$$

$$\leqslant \frac{1}{2\pi} \int_{0}^{2\pi} s^{*}(x + ye^{i\theta})d\theta$$

ce qui achève la démonstration.

En utilisant de la même manière le lemme de Fatou on établit (cf. 6_a) :

<u>THÉORÈME 7. 3.</u> - Soit $f(x, t) \in P(G)$ une famille localement bornée supérieuremen uniformément pour $t \in T$, de fonctions de $x \in G$, plurisousharmoniques dans G. Soit μ, $\|\mu\| < \infty$, une mesure positive sur l'espace T, les f(x, t) étant μ-sommables pour chaque $x \in G$. Alors si E séparé complet a une base $\mathcal{B}$ dénombrable pour le filtre $\mathcal{F}$ des voisinages de l'origine,

$$F(x) = \int d\mu(t)\, f(x, t)$$

est plurisousharmonique dans G.

Le problème est ouvert de savoir si l'hypothèse sur $\mathcal{F}$ est nécessaire.

Nous généraliserons maintenant au cas dim. E = $+\infty$ un énoncé que nous avons donné dans $[6_b]$:

<u>THÉORÈME 7. 4.</u> - Soit $f_{(i)}$, $i \in \mathfrak{J}$, une famille de fonctions plurisousharmoniques dans G, domaine de E. On suppose la famille localement bornée supérieurement, et que $g(x) = \sup f_{(i)}$ a pour régularisée une fonction $g^{*}(x)$ pluriharmonique dans G. Alors l'ensemble

$$\eta = [x \in G \; ; \; g(x) < g^{*}(x)]$$

est strictement polaire dans G.

On peut en considérant $f_{(i)} - g^*(x) \in P(G)$ supposer $g^* \equiv 0$ dans G. On a $f_{(i)} \leqslant g \leqslant 0$ pour tout $i \in \mho$.

Il existe $\xi \in G$, tel qu'on ait $\sup f_{(i)}(\xi) = 0$, on peut alors extraire de $\{f_{(i)}\}$ une suite f_q telle que $-\varepsilon_q \leqslant f_q(\xi) \leqslant 0$, avec $\sum \varepsilon_q < \infty$. Alors $S(x) = \sum_q f_q(x) \in P(G)$ n'est pas la constante $-\infty$ dans G, et l'on a

$\eta \in \left[x \in G \; ; \; S(x) = -\infty \; , \; S \in P(G), \; S(x) \leqslant 0 \text{ dans } G\right]$ ce qui établit l'énoncé.

Considérons des cas particuliers, en notant toujours $f_{(i)}(x) \in P(G)$, $(i) \in \mho$, une famille localement bornée supérieurement dans un domaine $G \subset E$.

1°/ On suppose les f_i <u>continues</u>. Soit $g = \sup. f_{(i)}$, $(i) \in \mho$, et $g^* = \text{reg.sup.}\ g$. Les ensembles $F_{(i),\,n} = \left[x \in G \; ; \; g(x) - f_{(i)}(x) \geqslant \frac{1}{n}\right]$, $n \in N$, sont des ensembles fermés et $\eta_n = \bigcap_{(i)} F_{(i),\,n}$ est fermé, et l'on a :

$$\eta = \left[x \in G \; ; \; g(x) < g^*(x)\right] = \bigcup_n \eta_n .$$

D'autre part η et les η_n sont d'intérieur vide par définition même de la régularisée, ce qui établit l'énoncé :

<u>PROPOSITION 7.5.</u> - Si la famille $f_{(i)}$ du théorème 7.1. est formée de fonctions continues, alors l'ensemble $\eta = \left[x \in G \; ; \; g(x) < g^*(x)\right]$ dans cet énoncé est réunion dénombrable d'ensembles fermés η_n d'intérieurs vides ; il en est de même au théorème 7.2. pour l'ensemble $\left[x \in G \; ; \; s(x) < s^*(x)\right]$.

<u>THÉORÈME 7.6.</u> - Si E est un espace de Baire, et si les $f_{(i)}$ du théorème 7.1. sont continues, l'ensemble $\eta = \left[x \in G \; ; \; g(x) < g^*(x)\right]$ est maigre ; de plus dans le théorème 7.4., η est strictement polaire, le cas $\eta = G$ étant exclu.

2°/ Supposons que les ouverts de E admettent une base $\{w_m\}$ dénombrable, c'est-à-dire que tout ouvert $w \in E$ soit réunion d'une sous-famille de $\{w_m\}$, $m \in N$. Cette hypothèse (E tant supposé toujours séparé et complet) équivaut à l'ensemble des deux hypothèses suivantes : a) - $\mathcal{F}$ admet une base $\mathcal{B}$ dénombrable - b) il existe une partie dénombrable $\{x_m\}$, $x_m \in E$, dense sur E, c'est-à-dire E est séparable. En effet pour obtenir $\mathcal{B}$, il suffit de prendre les w_m qui contiennent l'origine et pour obtenir $\{x_m\}$ il suffit de choisir un point $x_m \in w_m$ pour chaque entier m. Réciproquement si E vérifie a) et b) avec $\mathcal{B} = \{V_n\}$, $V_n \in \mathcal{F}$, V_n voisinage ouvert de l'origine, il suffit de considérer les $w_{m,n} = x_m + V_n$, m, n entiers pour obtenir une base dénombrable des ouverts. Il est bien connu (énoncé du à G.CHOQUET) que si E possède une telle base et si $f_{(i)}(x)$ est une famille semi-continue supérieurement, avec $g = \sup f_{(i)}$, $g^* = \text{reg. sup. } g$, alors il existe une sous-famille dénombrable $f_m(x)$ telle que $g'(x) = \sup. f_m(x)$ vérifie $g'^* = g^*$. On a alors

$$\eta' = [x \in G \; ; \; g'(x) < g^*(x)] \supset [x \in G \; ; \; g(x) < g^*(x)] = \eta$$

ce qui permet d'énoncer.

THÉORÈME 7.6. - Si l'espace E possède une base dénombrable des ouverts, le théorème 7.2. est valable sans aucune hypothèse faite sur E et sur la famille d'indices $\mathfrak{J}$.

D'autre part notons pour la suite l'énoncé évident.

THÉORÈME 7.7. - Si $M \subset E$ est un espace vectoriel plongé dans E et muni d'une topologie T_M plus fine que la topologie induite par E sur M, une fonction plurisousharmonique sur E a pour restriction à M une fonction plurisousharmonique sur M.

Notons encore l'énoncé

THÉORÈME 7.8. - Soit $\eta \in G \subset E$ une partie fermée d'un domaine $G \subset E$ qui est polaire dans G et soit $f \in P(G - \eta)$, f bornée supérieurement sur $G - \eta$ au voisinag de tout point $x \in \eta$. Alors f admet un prolongement $\tilde{f} \in P(G)$

avec la conséquence

COROLLAIRE 7.9. - Soit η un ensemble analytique dans G et f une fonction plurisousharmonique dans $G - \eta$, bornée supérieurement sur $G - \eta$ au voisinage de tc point de η ; alors f se prolonge à G en une fonction plurisousharmonique.

Pour établir le théorème, on pose $\eta \subset \eta_1 = [x \in G \; ; \; f_1(x) = -\infty, \; f_1 \in P(G)]$

et l'on considère les fonctions $g_q(x) = f(x) + \frac{1}{q} f_1(x)$, $q \in \mathbb{N}$ sur un voisinage W d'un point $x \in \eta$; on définit $g_q(x) = -\infty$ pour $x \in \eta \cap W$; on prend W tel que l'on ait $f_1(x) < 0$ pour $x \in W$. Il en résulte que les $g_q(x)$ sont une suite croissante de fonctions plurisousharmoniques bornées supérieurement dans W, et l'on applique le théorème 7.8 à $g(x) = \sup_q g_q(x)$. On a :

$$g^*(x) \in P(W), \; g^*(x) = f(x) \text{ si } x \in W - \eta;$$

le prolongement cherché est alors $\tilde{f} = g^*$. On peut remarquer que l'énoncé reste valable si η est supposé seulement fermé et "localement" polaire. Le corollaire s'obtient en remarquant qu'un ensemble analytique dans G est fermé et localement polaire.

Enfin nous compléterons la définition donnée plus haut des ensembles strictement polaires en énonçant dans le cas où G = E :

DÉFINITION 7.10. - Une partie d'un espace vectoriel E est dite strictement polaire si elle l'est sur les voisinages V de l'origine d'une base $\mathcal{B} \subset \mathcal{F}$ et sur leurs homothétiques λV, $\lambda \in \mathbb{C}$.

8. - Application au prolongement analytique. Soit D un domaine d'holomorphie borné dans C^n et A(D) l'algèbre des fonctions holomorphes dans D : A(D) muni de la convergence uniforme sur les compacts de D est un espace de Fréchet; sa topologie peut être définie par les semi-normes $p_q(f) = \sup |f(z)|$, $z \in K_q$, où K_q est une suite exhaustive croissante de compacts épuisant D (tout compact $K \subset D$ appartient à K_q à partir d'une certaine valeur de q). Cet espace possède la plupart des "bonnes" propriétés possible pour un espace vectoriel : c'est un espace (S) (espace de SCHWARTZ), c'est aussi un espace séparable. Montrons ce dernier point ; si $D = C^n$, les polynomes à coefficients rationnels sont denses sur les fonctions entières pour la topologie de $A(C^n)$. Dans le cas général, utilisons une fonction $f_o(z) \in A(D)$ ayant D comme domaine d'holomorphie. Désignons par $(\alpha) = (\alpha_1, \ldots, \alpha_n)$ un multiindice, $|\alpha| = \alpha_1 + \ldots + \alpha_m$, et considérons les dérivées partielles

$$\Psi_{(\alpha)}(z_1, \ldots, z_n) = D^{(\alpha)} f_o(z_1, \ldots, z_n)$$

de f_o. Etant donné un compact $K \subset D$, il existe un polyèdre analytique

$$P = \left[z \in D \; ; |\Psi_{(\alpha)_1}(z)| \leqslant m_1, \ldots, |\Psi_{(\alpha)_q}(z)| \leqslant m_q \right]$$

tel que l'on ait $K \subset \mathring{P} \subset P \subset D$.

Soit $f \in A(D)$ et $\varepsilon > 0$; il existe alors un polynome Π , à coefficients rationnels complexes des q fonctions $\psi_{(\alpha)}$ qui figurent dans la définition de P, de manière que l'on ait

$$\left| f(z) - \Pi(z) \right| < \varepsilon$$

sur K. On en déduit : si D est le domaine d'holomorphie d'une fonction $f_o \in A(D)$, les polynomes à coefficients rationnels des dérivées partielles $\psi_\alpha(z) = D^{(\alpha)} f_o(z)$, $z \in D$ forment une partie dénombrable dense sur A(D). Ainsi A(D) est un espace de Fréchet séparable, et il possède une base dénombrable des ouverts.

Dans A(D) considérons le sous-ensemble η fermé des fonctions holomorphes qui n'ont pas D comme domaine d'holomorphie : pour chaque $f \in \eta$, il existe un entier $m \in N$ et une boule ouverte de C^n, centrée sur D, contenant des points extérieurs à D et telle que f soit holomorphe sur $D \cup B$ et vérifie $|f(z)| \leqslant m$, dans B. Il est clair qu'on peut choisir B dans une famille dénombrable de boules (par exemple celles dont les coordonnées du centre et le rayon sont des nombres rationnels) On notera B_p une telle boule de centre x_p, $p \in N$. L'injection φ_p : $A(D \cup B_p) \longrightarrow A(D)$ est évidemment une application linéaire et continue d'espaces métriques complets ; elle n'est pas surjective par hypothèse ; donc Im. φ_p est un ensemble maigre d'après le théorème de Banach. Il en résulte que η qui est contenu dans la réunion dénombrable des Im. φ_p est maigre.

Elémentairement il est immédiat que Im $\varphi_p = A(D \cup B_p)$ est un sous-espace vectoriel de A(D) et qu'il est sans point intérieur, φ_p n'étant pas surjective. L'ensemble $F_{p,m}$, $p \in N$, $m \in N$, des $f \in A(D \cup B_p)$ qui vérifient $|f(z)| \leqslant m$ sur B_p est de plus un ensemble fermé dans A(D) et il est d'intérieur vide puisqu'il appartient à Im. φ_p. Finalement on a $\eta = \bigcup_{p,m} F_{p,m}$, où les $F_{p,m}$ sont des fermés d'intérieur vide dans A(D), ce qui établit directement que η est maigre.

Le raisonnement fait s'applique évidemment à tout espace vectoriel M de fonctions holomorphes dans D, à condition qu'il soit métrique complet et que sa topologie T_M soit plus fine que la topologie de A(D). D'où :

THÉORÈME 8.1. - Soit A(D) l'espace des fonctions holomorphes dans un domaine D de C^n avec la topologie de la convergence compacte dans D ; s'il existe une fonction $f_o \in A(D)$ non prolongeable analytiquement hors de D, l'ensemble $\eta \subset A(D)$ des fonctions prolongeables est maigre. Il en est de même dans tout espace vectoriel topologique complet M de fonctions holomorphes dans D si sa topologie T_M est plus fine que celle induite par A(D) , et si M contient une fonction f_o non prolongeable hors de D.

On va compléter cette propriété de "rareté" topologique en utilisant la notion de partie polaire définie plus haut, et on va établir, D étant un domaine borné de C^n:

THÉORÈME 8.2. - Soit M un espace de Banach de fonctions holomorphes dans $D \subset C^n$ dont la topologie T_M est plus fine que celle de A(D). Alors si M contient une fonction $f_o \in A(D)$ non prolongeable, l'ensemble $\eta \cap M = \eta_M$ des fonctions $f \in M$ prolongeables analytiquement hors de D est un ensemble conique, de sommet l'origine, qui est réunion dénombrable de fermés d'intérieurs vides et qui est strictement polaire dans M.

Remarquons que η_M est conique par rapport à l'origine : $f \in \eta_M$, entraîne $f \in \eta_M$ pour tout $\lambda \in \mathbb{C}$. On étudiera η_M sur la boule $\beta : [f \in M ; \|f\| \leqslant 1]$ de M qui est un ensemble borné (pour la suite du raisonnement il est essentiel que l'espace M possède un voisinage de l'origine qui soit un borné).

Par hypothèse, T_M étant plus fine que la topologie de A(D) la boule β est aussi un ensemble borné dans A(D). Supposons la topologie de A(D) définie à partir des semi-normes $p_s(f) = \sup_{z \in K_s} f(z)$, où K_s est une suite exhaustive croissante de compacts vérifiant : $K_s \subset \mathring{K}_{s+1} \subset K_s$, lim. $K_s = D$. Sur un ensemble B borné dans A(D), les semi-normes $p_s(B)$ sont bornées pour chaque valeur de l'entier s, et l'on a $p_s(f) \leqslant M_s$, où l'on peut prendre les M_s croissants avec s et $M_s \geqslant 1$. En d'autres termes si $r(z)$ est le rayon de la plus grande boule de centre z contenue dans D, sur B il existe une majoration de sup. $|f(z)|$ sur les compacts $r(z) \geq r$ par une fonction $M(r)$ indépendante de $f \in B$.

Pour établir le théorème 8.2. on va établir que chacun des ensembles $F_{p,m} \cap M$ est strictement polaire dans une boule $\beta_a = [f \in M ; \|f\| \leq a]$ de M, $a > 0$.

Soit $f \in F_{p,m} \cap M$: $f(z)$ est holomorphe dans $D \cup B_p$ et vérifie $|f(z)| \leq m$ pour $z \in B_p$. Soit $z_p \in D$ le centre de B. Par hypothèse la distance r_p de z_p à la frontière de D est strictement inférieure au rayon ρ_p de B_p. Considérons alors pour $y \in C^n$, $\|y\| = 1$, le développement de Taylor selon les puissances de $u \in \mathbb{C}$, le point z_p étant fixé :

(2) $$f(z_p + uy) = \sum_{0}^{\infty} A_q(f, y) u^q$$

(3) $$A_q(f, y) = \sum_{|\alpha| = q} \frac{D^{(\alpha)} f(x_p)}{\alpha_1! \ldots \alpha_n!} y_1^{\alpha_1} \ldots y_n^{\alpha_n}$$

Les $A_q(f, y)$ sont linéaires de $f \in A(D)$, holomorphes de (f, y), $f \in A(D)$, $y \in C^n$; il en résulte (proposition 4.2.) que les fonctions

(4) $$U_q(f, y) = \frac{1}{q} \log |A_q(f, y)|$$

sont plurisousharmoniques de (f, y). D'autre part la formule de Cauchy donne la majoration

(5) $$U_q(f, y) \leq -\log \rho_p + \frac{1}{q} \log m \quad , \text{ pour } \|y\| = 1 \text{ , et}$$

$f \in F_{p, m}$. Enfin on a :

PROPOSITION 8.3. - Les fonctions $U_q(f, y)$ définies par (4) sont une suite de fonctions plurisousharmoniques de (f, y) localement bornées supérieurement dans l'espace $A(D) \times C^n$.

En effet, soit f_1 A(D) : on va donner un voisinage $f_1 + V$, $V \in \mathfrak{F}$, dans lequel les $U_q(f, y)$ sont majorées par une quantité indépendante de q, quand y demeure sur un compact de C^n.

Définissons V par

$$p_s(f - f_1) \leqslant 1$$

où $p_s(f) = \sup |f(z)|$, $z \in K_s$, l'entier s étant pris assez grand pour que $\mathring{K}_s$ contienne la boule de centre z_p, de rayon tr_p, $0 < t < 1$. Alors on a pour $f \in f_1 + V$:

$$|f(z)| \leqslant 1 + p_s(f_1) = 1 + a \text{ , si } z \in K_s$$

$a = \sup |f_1(z)|$ pour $z \in K_s$.

Il en résulte $|f(z)| \leqslant 1 + a$ pour $\|z - z_p\| < tr_p$ dans C^n et, par la formule de Cauchy appliquée à (2), une majoration

(6) $$|A_q(f, y)| \leqslant (1 + a)t^{-q}r_p^{-q} .$$

On a d'autre part $A_q(f, \lambda y) = |\lambda|^q A_q(f, y)$.

D'où la majoration

$$U_q(f, y) \leqslant \frac{1}{q} \log (1 + a) - \log t + \log \|y\| - \log r_p$$

pour $f \in f_1 + V$, qui établit la proposition 8.3.

Les fonctions

$$b_q(f) = \sup_{\|y\| = 1} U_q(f, y)$$

sont alors des fonctions plurisousharmoniques de $f \in A(D)$ d'après le théorème 7.1. car elles sont semi-continues, $[f \text{ fixé }, \|y\| = 1]$ étant un compact dans l'espace produit $A(D) \times C^n$.

On a, par hypothèse

(4)' $$\lim. \sup. \ b_q(f) = - \log r_p \text{ , si } f \in A(D)$$

(5) $$b_q(f) \leqslant - \log \rho_p + \frac{1}{q} \log m \text{ si } f \in F_{p, m} .$$

L'image dans A(D) de la boule unité $\beta_1 \subset M$ est un borné de A(D) et en $z_p \in D$ les dérivées partielles, donc les $b_q(f)$ vérifient des majorations que nous écrirons

(7) $$b_q(f) \leqslant - \log r_p + \varepsilon_q$$

où $\mathcal{E}_q$ est indépendant de $f \in \beta_1$. Un calcul explicite par la formule de Cauchy de ε_q utilise les majorations

$$p_s(f) \leqslant M_s \quad , \quad s \in N ,$$

En opérant comme pour (6) et supposant $\|z - z_p\| < t_s r_p$ contenue dans K_s, on a :

$$b_q(f) \leqslant \frac{1}{q} \log M_s - \log r_p - \log t_s$$

qui donne (7) avec

$$\varepsilon_q = \inf_s \left[\frac{1}{q} \log M_s - \log t_s \quad , s \in N , \mathring{K}_s > z_p \right. \text{ et } \mathcal{E}_q \to 0$$

indépendant de $f \in \beta_1$.

Considérons maintenant une boule $\beta_a = \left[f \in M, \|f\| \leqslant a \right]$, $a > 1$.

Les $A_q(f, y)$ étant linéaires en f ; on a $b_q(f) = \Lambda_q(f_1) + \frac{1}{q} \log \|f\|$.

D'où pour $f \in \beta_a$:

$$b_q(f) \leqslant - \log r_p + \varepsilon_q + \frac{1}{q} \log a.$$

Les fonctions $b'_q(f) = b_q(f) + \log r_p - \varepsilon_q - \frac{1}{q} \log a \leqslant 0$ sont plurisous-harmoniques de $f \in \beta_a$.

Pour montrer que $F_{p, m} \cap M$ est strictement polaire dans E, utilisons (4)' et (5), où par hypothèse $\rho_p > r_p$. Il existe $c > 0$ et un entier q_o tel qu'on ait $- \log \rho_p + \frac{1}{q} \log m \leqslant - \log r_p - c$, pour $q > q_o$. Alors on a

$$g(f) = \sup_{q > q_o} b'_q(f) \leqslant - c \qquad \text{pour} \quad f \in F_{p, m} \cap \beta_a$$

et $g(f) \leqslant 0$ pour $f \in \beta_a$. D'autre part, par hypothèse il existe $f_o \in M$, donc $f'_o \in \beta_a$, non prolongeable hors de D, et l'on a donc $g(f'_o) = 0$, ce qui entraîne $g^*(f) = 0$ dans β_a . Alors d'après le théorème 7.4. l'ensemble $F_{p, m} \in \left[f \in \beta_a \; ; \; g(f) < g^*(f) \right]$ est strictement polaire. Il en est de même la réunion dénombrable $\bigcup_{p, m} F_{p, m}$ d'après le théorème 6.3. . Ainsi l'ensemble des $f \in M$ qui sont analytiquement prolongeables est strictement polaire dans la boule $\|f\| < a$ de M ; comme $a > 0$ est quelconque, η est strictement polaire dans M, ce qui achève la démonstration du théorème 8.2.

COROLLAIRE 8.4. (exemple). - Soit D un domaine borné dans C^n et $m(z) > 0$ une fonction continue strictement positive dans D ; $d\tau$ désignant l'élément de volume dans C^n, considérons dans l'espace de Hilbert H des $f \in A(D)$, de norme $\| f \|$ finie avec

$$\| f \|^2 = \int |f(z)|^2 m(z) d\tau(z) < \infty .$$

Alors l'ensemble η des f qui sont analytiquement prolongeables hors de D est soit H tout entier, soit une partie de H qui est conique par rapport à l'origine, maigre et strictement polaire.

Il suffit en effet de remarquer que la topologie de H est plus fine que celle de A(D).

BIBLIOGRAPHIE

[1] BREMERMANN (H.-J.). - Holomorphic functionals and complex convexity in Banach spaces . Pacific Journal Math. , t. 7, 1957, p. 811-831.

[2] COEURÉ (G.). - Le théorème de convergence dans les espaces localement convexe complexes. C.R.Acad.Sciences, Paris, t. 264, 1967, p. 287.

[3] KISELMAN (C.-O.). - On entire functions of exponential types and indicators of analytic functionals. Acta Math. 117, 1967, p. 1.

[4] LELONG (P.). - Les fonctions plurisousharmoniques. Annales E.N.S., t. 62, p. 301-338.

[5] LELONG (P.). - Fonctions entières et fonctionnelles analytiques - Séminaire d'été, Montréal, 1967.

[6a] LELONG (P.). - La convexité et les fonctions analytiques de plusieurs variabl complexes. Journal de Math., t. 31, p. 191-219, 1952.

[6b] LELONG (P.). - Fonctions entières de type exponentiel dans C^n - Annales Insti Fourier, tome 16, fascicule 2, p. 269-318, 1966.

[7] NOVERRAZ (P.). - Un théorème de Hartogs et théorèmes de prolongement dans les espaces vectoriels topologiques complexes. C.R.Acad.Sciences,Paris, t. 266 p. 806-808, 1968.

Offsetdruck: Julius Beltz, Weinheim/Bergstr.